尾櫃制服計畫

with Sleep

明亮動人的眼睛，好操作的植髮設計，
可動範圍廣，輪廓自然的身形，
集衝突魅力於一身的新型娃娃，
帶大家一窺「尾櫃制服計畫」的秘密！
開篇為大家介紹的娃娃出自人氣創作者Sleep的作品，
看他如何為娃娃華麗變身！

Model: Obitsu Seihuku Keikaku Dress & Illustration: Sleep Photo: Takanori Katsura

平常有點樸素的制服少女，
換上 Sleep 的魔法華服，讓人眼睛為之一亮！
関谷宥和関谷茗的姊妹裝是不是很美呢？

Dress「馬戲團少女」　Shoes: Licca Castle（個人物品）
Model: Yu Sekiya（devil）, Mei Sekiya, Yu Sekiya（Angel）

P.3 和 P.4 使用的樹脂眼珠
為 Sleep 設計的「夢幻少女瞳」。
這是為此創作設計的特殊色。

Dress「天鵝愛麗絲」　Shoes: Licca Castle（個人物品）
Model: Eiri Uemura（002b）, Eiri Uemura（002）

Sleep 的服裝材質除了蕾絲之外，
幾乎全部是用手繪圖案
製作出原創獨特的布料。

Dress「小鹿出遊」 Shoes&Bag: Azone International（個人物品）
Model: Shizuka Mitsushiro

裝飾封面的 Shino Yaesaka
是 Dollybird 接單生產的娃娃。
兩人的妝髮和眼睛都不同。
詳細內容請參閱 P.6。

Dress「Cotton Candy」
Model: Shino Yaesaka（Mint），Shino Yaesaka（Lavender）

▶連身裙使用原創布料製成，布面印有圓滾滾又毛茸茸的可愛白貓。衣領和蝴蝶結也使用了為此特製的條紋布料！

COTTON CANDY

mint and lavender

SHINO YAESAKA Sleep ver.

◀素體為 OBITSU 24（S 胸）的超白肌，髮色皆為棕色和淡紫色的混合植髮。

為了紀念尾櫃制服計畫特輯，
我們將接單生產封面的娃娃「Shino Yaesaka」。
請大家不要錯過了這款限定娃娃，
不僅是服裝，連尾櫃瞳（OB 眼珠）版的
「夢幻少女瞳」、髮型和妝容
都由 Sleep 精心設計。

※ 照片為樣品，可能與訂製品稍有不同。

價　格

各 18,000 日圓 +tax

申購截止日

2020 年 12 月 1 日（二）

商品寄送日

預定 2021 年 6 月～ 7 月

※ 訂單量多時，可能會有延後寄送的情況。
寄送日確定後會以電子郵件通知。若地址變更，
敬請至線上商店的我的頁面更改資料。

尾櫃制服計畫「Shino Yaesaka CottonCandy（Mint ／ Lavender）」

●各 18,000 日圓（未稅）

●接單期間／ 2021 年 9 月 30 日～ 12 月 1 日

●販售廠商／ HOBBY JAPAN ●製造廠商／ OBITSU 製作所
●服裝與眼珠設計／ Sleep
●原型和娃頭妝容／ Out of Base
● OBITSU 24 超白肌 S 胸
●含妝 MM-01 娃頭
●娃衣一套（連身裙、蝴蝶結髮箍、圍裙、裙撐、襪子、短褲）
●附軟乙烯基鞋子、手部零件組、假髮用的無植髮頭蓋

請連結至「HOBBY JAPAN 線上商店」申購。

http://hobbyjapan-shop.com

第一次至線上商店購物者，請先註冊會員。
請在 P.41 確認【購物相關注意事項、退換貨相關事宜】。

●本商品相關洽詢敬請聯絡
株式會社 HOBBY JAPAN 通訊販賣部
電話：03-5304-9114（平日 10:00 ～ 12:00、13:00 ～ 17:00）
電子郵件：shop@hobbyjapan.co.jp

▶服裝為連身裙疊搭薄紗圍裙的套裝，鞋子為 Sleep 指定色「帶紫的深棕色」。

▲植髮頭蓋為中分瀏海設計，為了表現自然的髮際線費了一番苦心。豐盈的波浪捲髮也充滿魅力。

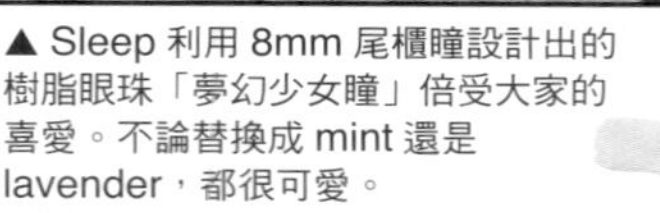

▲ Sleep 利用 8mm 尾櫃瞳設計出的樹脂眼珠「夢幻少女瞳」倍受大家的喜愛。不論替換成 mint 還是 lavender，都很可愛。

lavender

◀穿點點薄紗圍裙就成了甜美的細肩帶睡裙！上面縫製的蝴蝶結，小巧迷人。

Dolly Pattern Workshop 17

新型 1/6 OBITSU 素體和尾櫃制服計畫

•

荒木佐和子

OBITSU 新推出的 1/6 素體系列和
尾櫃制服計畫的終極大調查！

Model: Yu Sekiya, Shizuka Mitsushiro, Mei Sekiya
Wig: Calico wig

關於新型1/6素體

請問新型1/6 OBITSU素體是何時開發的？

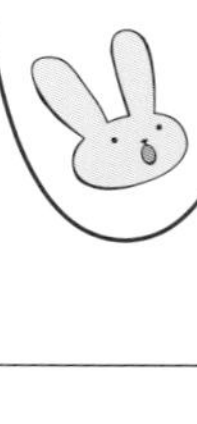

我們大約是在2013年完成這項企劃，而真正邁入開發是在2014年左右。會進入開發是因為當時我們自認OBITSU素體稱霸了1/6的可動素體，卻被AZONE的pureneemo素體奪去這個寶座，才計畫製作出更厲害的素體，甚至要好到讓人想替換手邊的娃娃。

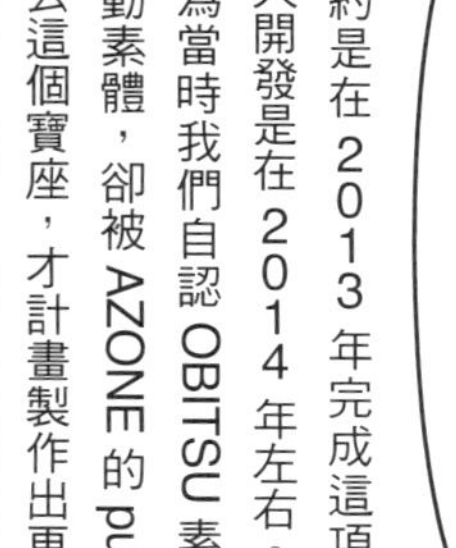

請問過去的1/6素體（OBITSU 21、23、27）將如何處理呢？

我們將視其為所謂的「舊素體」，不過擁有PULLIP等國外時尚娃娃的人仍有許多需求，所以預計持續生產部分娃娃。

請問OBITSU素體最重視的細節是甚麼？

可動範圍和關節強度。這是因為稍有不順就會被退貨……。最近製作也非常注重外表。在開發OBITSU 22～26時，明明在向設計廠商說明自己對大腿和臀部線條美感的要求，在工作中大家卻一時間熱絡調侃我對女性身體的喜好。

別在意！

請問為何材質和質感會因零件產生差異？

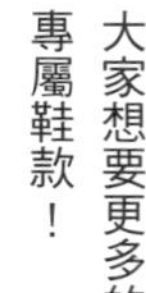

這是為了滑順的可動性和強度的確保。例如軀幹部分使用的軟乙烯基，最適合用來包覆內部結構以及表現滑順外表和質感。還有另一個優點是製作多種胸部尺寸時，模具的成本較低。

請問新型1/6素體是否有預計發展其他尺寸？

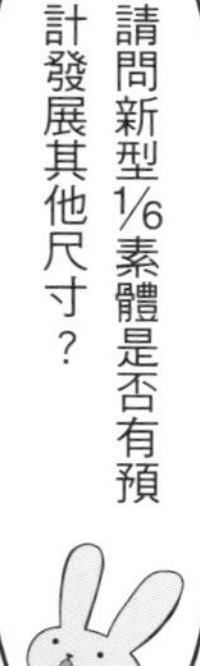

計畫想做出身高和體型有些微差異的素體。22、24、26屬於較為健康的素體系列，所以想試試體型較纖細美型的素體，或是11和22之間的小女孩素體。

請問比起S胸和M胸的些微差距，好像只有L胸的差距特別大……

素體的企劃和設計由我負責，我在不太了解巨乳定義的情況下，製作OBITSU 50 L胸的時候，受到很多人的斥責說「這種程度才不是L（之類的意思）」，所以這次做得特別大。最近下屬有提議，要不要製作M和L之間尺寸的素體？因此有在考慮中。

大家想要更多的專屬鞋款！

我會努力的。目前正在製作2雙鞋款的原型。

請問是否有考慮製作男娃素體？

現在有3名（1男2女）娃娃相關企劃人員，大家對男娃素體都沒有興趣……。大家沒信心能做出好的作品。一方面我們公司的企劃方針為『做出自己想要的商品』，另一方面男娃素體的銷售也沒有女娃素體好，所以企劃本身就有點難產。

制服計畫的娃娃構造

請問開始製作原創娃娃的原因？

本來原創娃娃做工就比較精細，開始全力投入系列製作大概是我剛進公司的時候，社長指派了製作OBITSU 50的任務。我對於目前1/6的換眼娃娃投注很多心力，因為這是我長久以來的夢想，是我本身一心想做的商品。

植髮頭蓋很厲害耶。

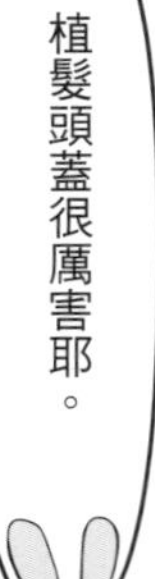

謝謝。受到各方好評，有點受寵若驚。一開始是為了致敬ZERO GOODS UNIVERSE出的一款『真羽』娃娃。我第一次看到時真的深受感動，我覺得是非常劃時代的作品，根本就是1/6娃娃的創新，總想著有一天要用在自己的企劃中。所以厲害的不是我，而是ZERO GOODS的MOMOLITA。真的很不好意思。

只有最初推出的瑛理是假髮，請問今後的計畫是？

我也有想要做假髮，不過除了成本較高之外，植髮頭蓋頗受好評，所以基本上會繼續做植髮頭蓋。但替代計畫是打算利用商店限定的機會，製作並且銷售各種些微變化的假髮。

我很想看到更多不同髮型的植髮頭蓋！

以頭蓋構造來說，無法做出綁髮造型，但是目前正在找尋突破方案。

請問8mm尾櫃瞳（OB眼珠）是甚麼樣的設計結構？

這是我們和某合作廠商耗費3年時間開發的設計，屬於公司機密。完成的瞬間我真心認為是業界創新，但是剛推出時銷售極為不佳，令人非常灰心消沉。

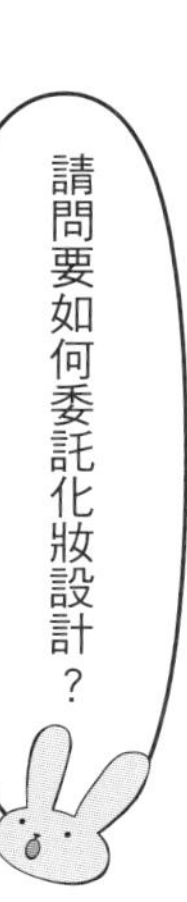

娃頭完成後會交給2～3位設計師，基本要求「請自由發揮，畫出這個娃頭最可愛的樣子」。我們偶爾也會提出「眼尾上揚」或是「御姐型」之類的妝感要求。

關於制服計畫系列

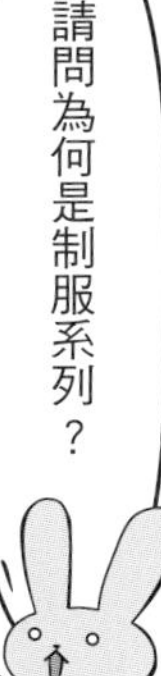

表面上的原因是不論男女生普遍都很喜歡制服，也很容易做成系列。而實際上本來的想法是制服在設計上比較不會陷入苦思，但卻和想的不一樣！制服的設計基本上由我和另外一名企劃人員負責構思。還會和服裝創作者討論製作等。

將公司員工的名字拼音重組，或是依照角色形象取名之類的。如果不好意思命名，就會有不到位的感覺，所以我常常會在家喝醉失去意識的狀態下命名。

請問由誰負責描繪包裝？

是我。準確地說是我自己拍照，再將照片描摹、插圖化。最近會請助理幫忙描繪到一半，所以做起來比較輕鬆。自己曾覺得很花心力，想停止作業，但意外地受到大家的稱讚喜愛，讓我想繼續努力。

我想挑戰幫娃娃化妝，請問是否有計畫販售無妝娃頭？

也不能說沒有這個計畫，但是公司的方針是「在利用這款娃頭製作的成品銷售期間，不販售這款的無妝娃頭」。

希望公司商品發售的時候能更大肆宣傳。

我們希望提供做得更好、價格更低的商品，所以會將廣告宣傳費用壓到最低限度（攝影和印刷品設計也是我們自己負責），因為這樣的想法，沒有多餘的經費在雜誌或收費媒體刊登廣告宣傳，這點還請見諒。但是如果大家有上Twitter或訂閱電子報，就一定可以收到相關訊息。

這是我開始著迷人偶時的故事，那時還在一間小小的玩具店打工，非常想買一個娃娃，拚命存錢，還參加活動，因為沒有獲得抽選，結果不得不向令人討厭的轉賣店購買。我希望在自己執行的企劃中，盡可能減少這樣無可奈何的人，也希望讓所有的轉賣店死心和消失，所以採用了對公司來說風險較大的「後付款接單生產」。即使漏接訂單，也一定會銷售出既定數量，只為了想要的人製作，所以請大家不要轉賣他人。

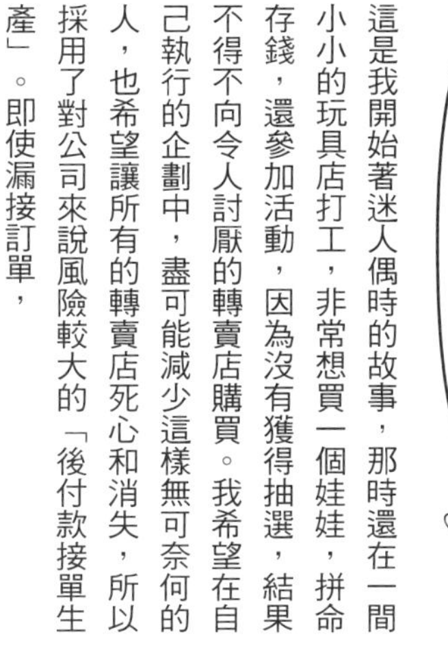

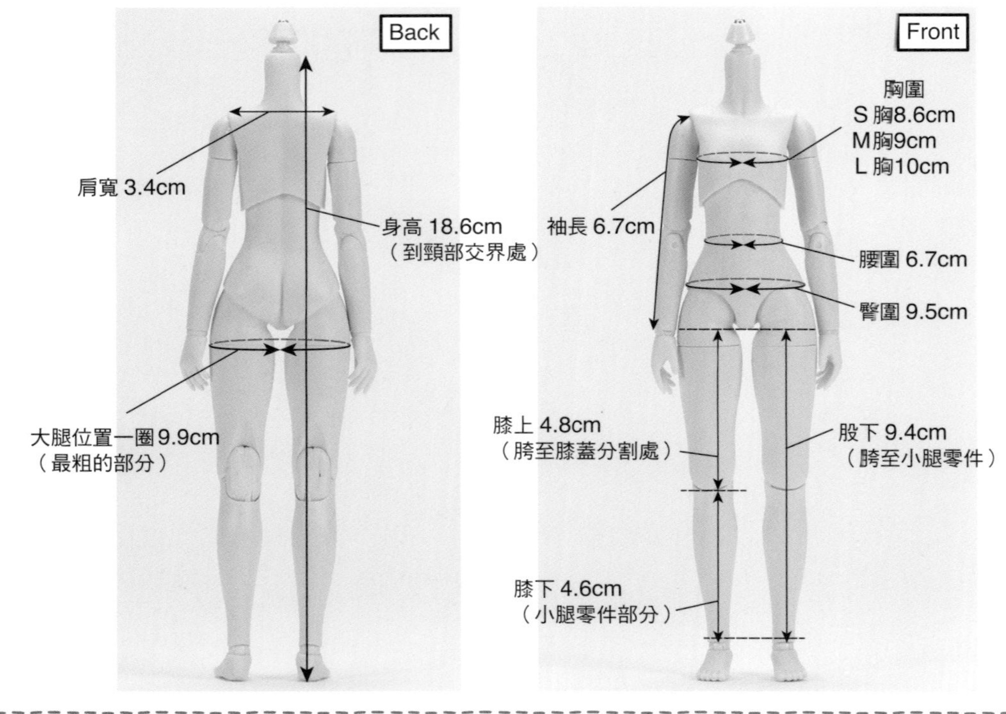

OBITSU 22 素體

- 関谷 茗（S胸）
- 山本 珠千花（M胸）

※ 在素體上黏貼量尺膠帶測量出尺寸。
因測量方式的不同，數值可能會和廠商公布的尺寸產生差異，敬請知悉。

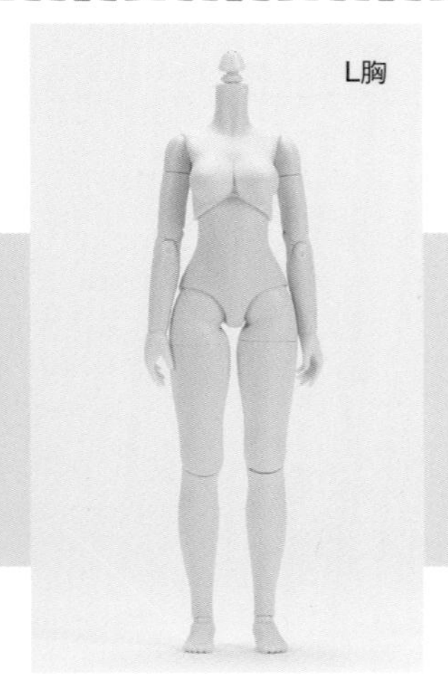

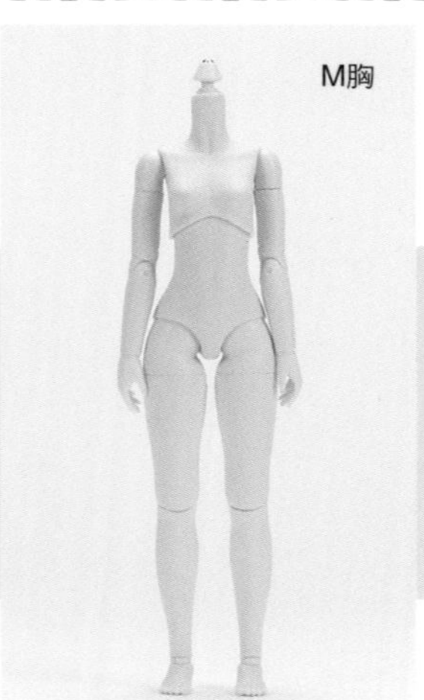

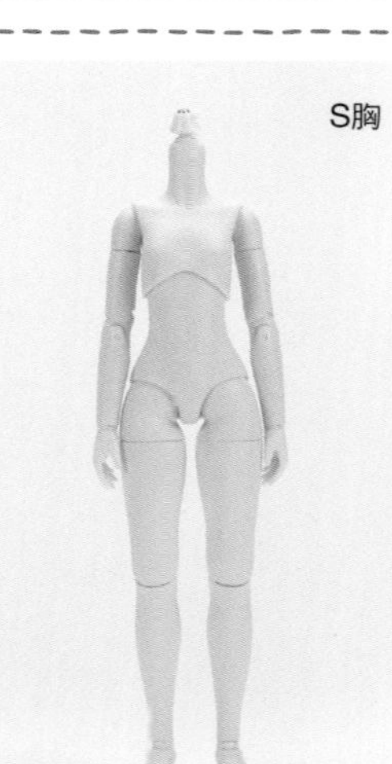

Front

OBITSU 22 是 1/6 OBITSU 素體的第 2 波翻新，在 2018 年 5 月開始販售。基本骨架和構造是依循 OBITSU 24，手腳關節也幾乎全以消光霧面規格的狀態上市。手腳腕都比 24 小一圈，給人纖細的感覺。

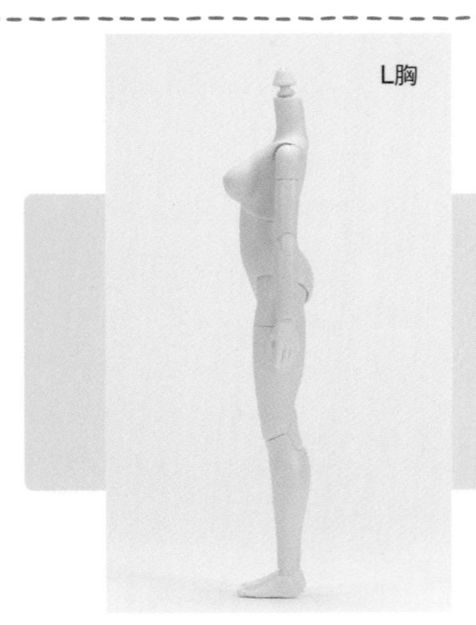

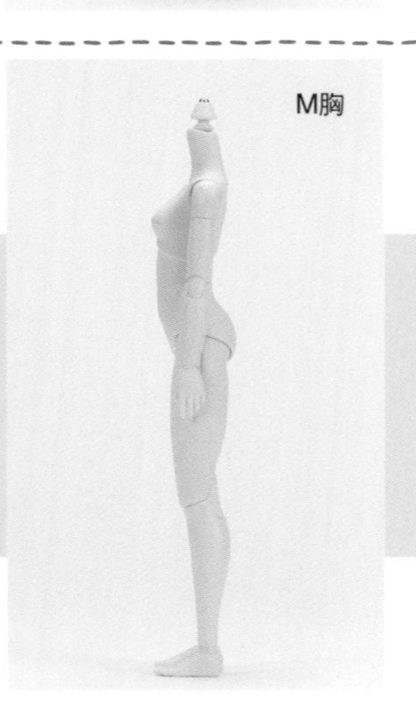

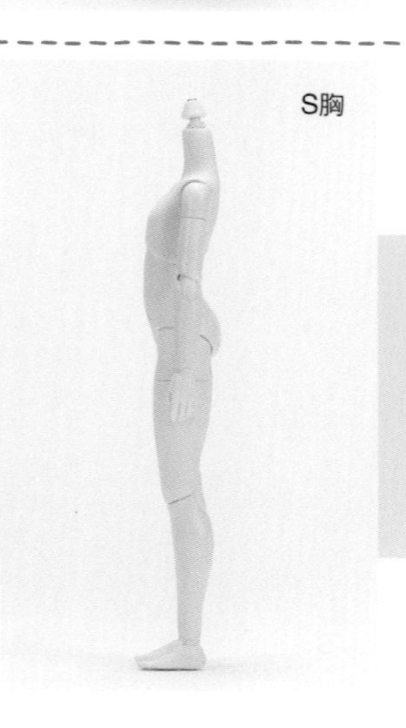

Side

22 素體的肘關節比 24 素體平順很多，關節間的交界顯得更為自然。除了身高的差異之外，肩寬、胸圍以及腰圍等，整體顯得較為纖細。令人開心的是腳的尺寸小一號，所以很容易穿上市售的 1/6 尺寸娃鞋。

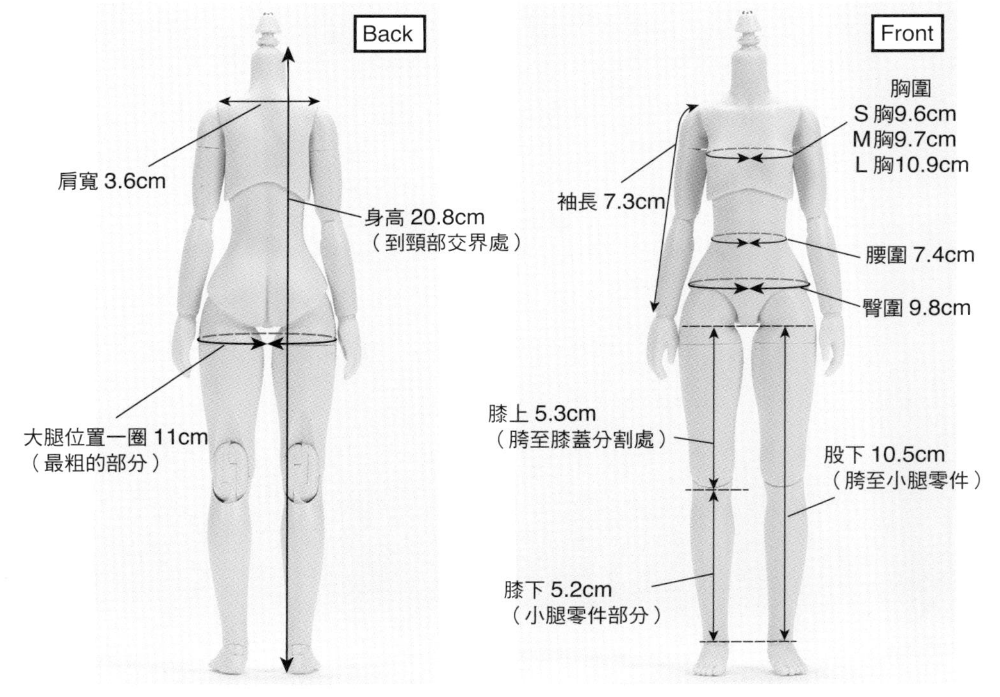

OBITSU 24 素體

- Shino Yaesaka（S胸）
- 上村 瑛理（S胸）
- 関谷 宥（M胸）

※ 在素體上黏貼量尺膠帶測量出尺寸。
因測量方式的不同，數值可能會和廠商公布的尺寸產生差異，敬請知悉。

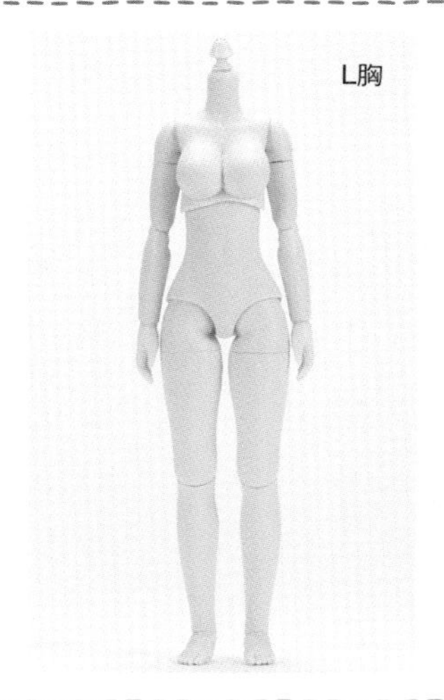

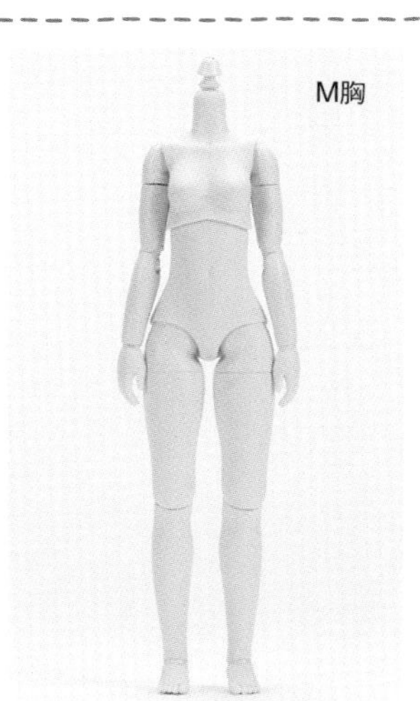

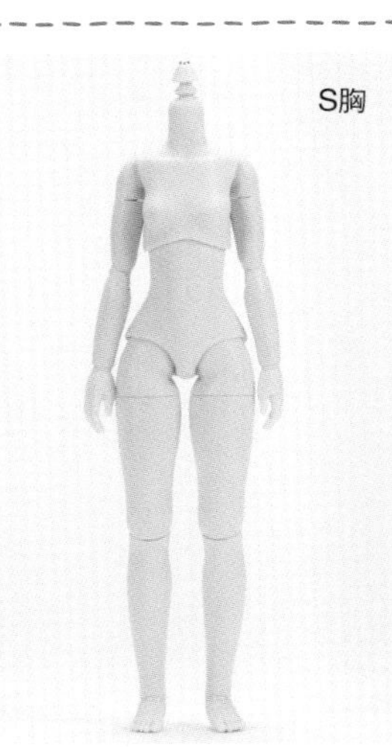

Front

OBITSU 24 是 1/6 OBITSU 素體的第 1 波翻新，從 2017 年 1 月正式開始販售（2017 年 7 月稍微修改成手腳消光版）。骨架和手腳使用硬材質 ABS，上下軀幹零件使用軟材質 PVC，手腳腕則使用矽膠和聚乙烯的複合材料。

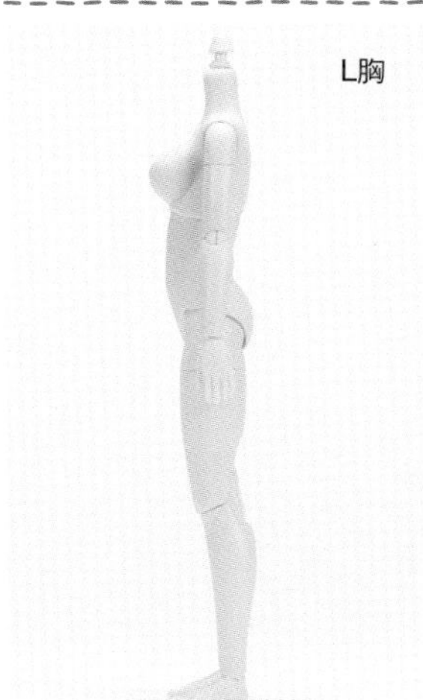

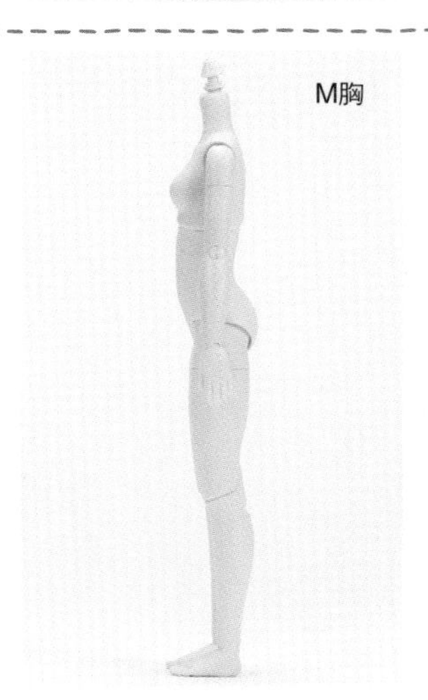

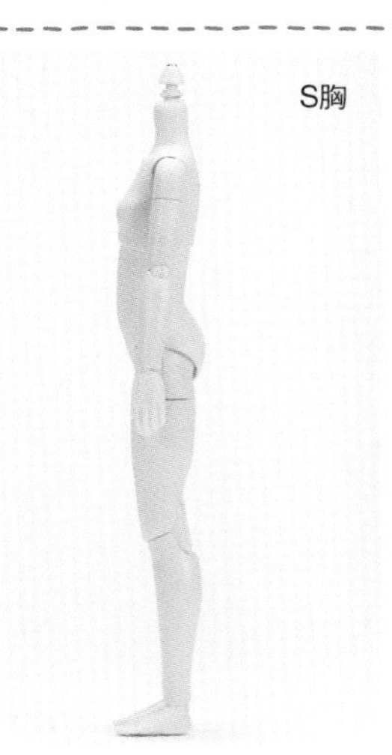

Side

24 素體的特點是可愛小巧的肘關節，與外觀相反具有很強的保持力，手持稍有重量的小物或是武器配件，都能擺出很穩定的姿勢。素體開發的負責人員著重臀部的設計，即便腳往前踏，圓弧關節從內側顯露，仍維持美麗的臀部線條。

OBITSU 26 素體

•三代 靜（M胸）

※ 在素體上黏貼量尺膠帶測量出尺寸。
因測量方式的不同，數值可能會和廠商公布的尺寸產生差異，敬請知悉。

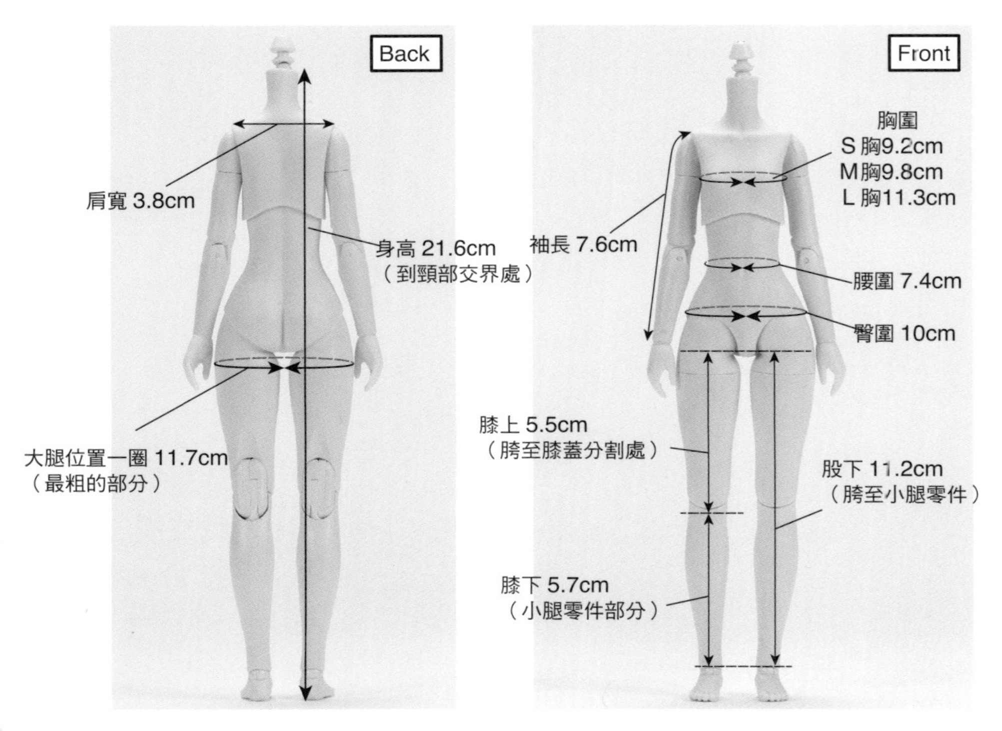

Front

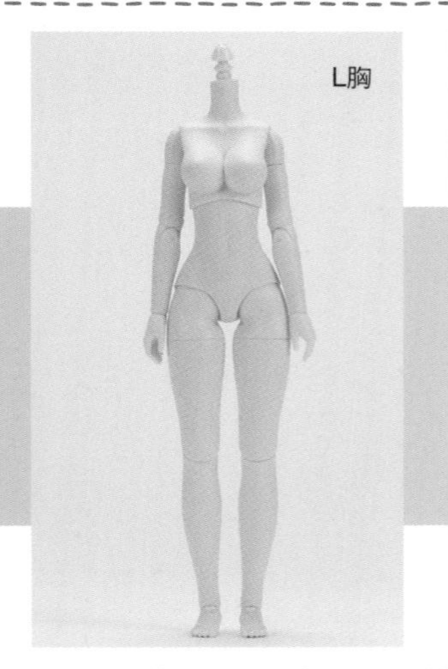

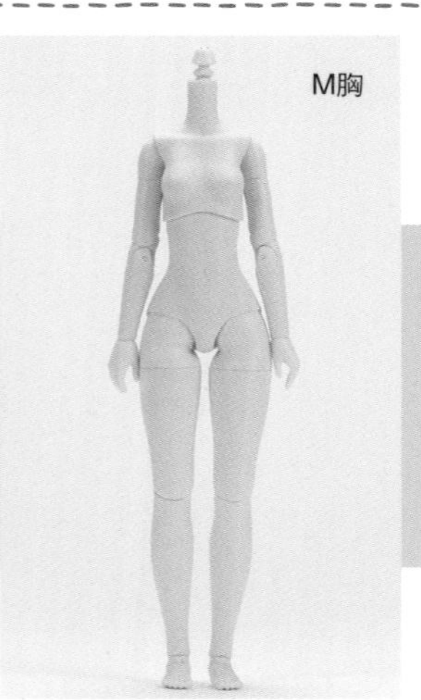

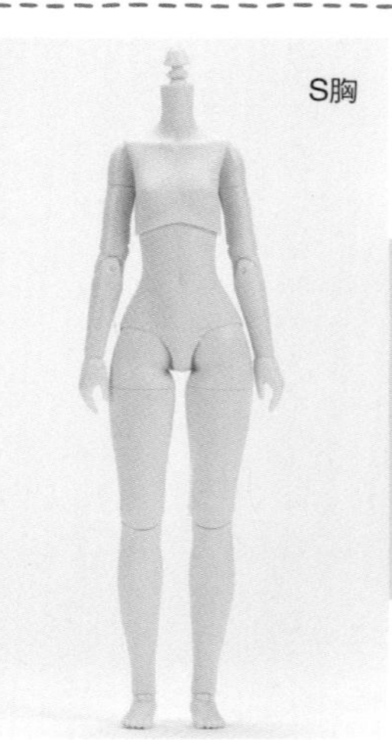

OBITSU 26 是 1/6 OBITSU 素體的第 3 波翻新，在 2019 年 5 月開始販售。基本骨架和構造是依循 OBITSU 24 和 22，整體變得較大，但是為了能通用 1/6 的服飾，在很多部分都費心設計，例如加深手臂的插孔，還有腰圍做得較為纖細。

Side

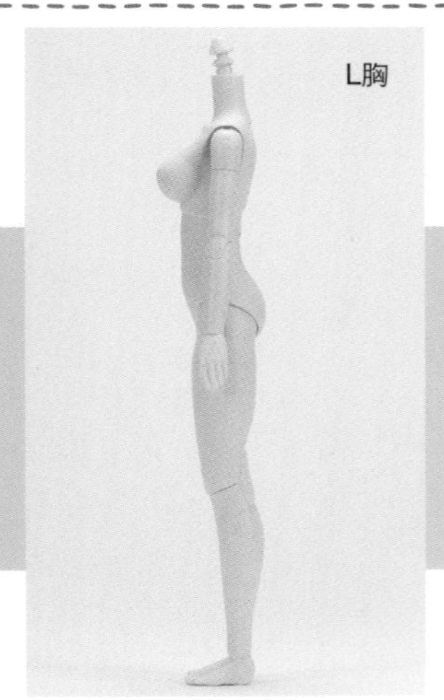

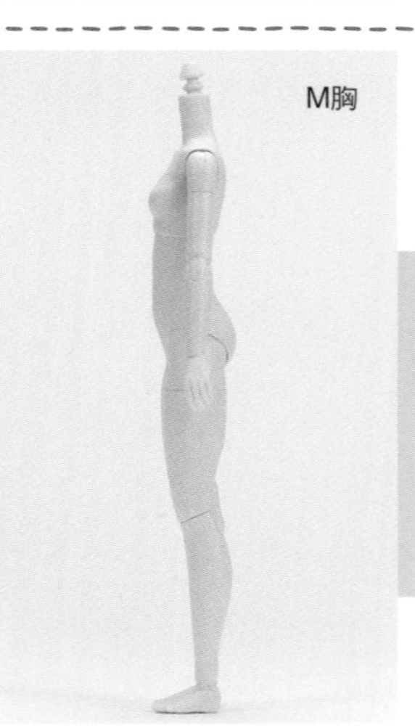

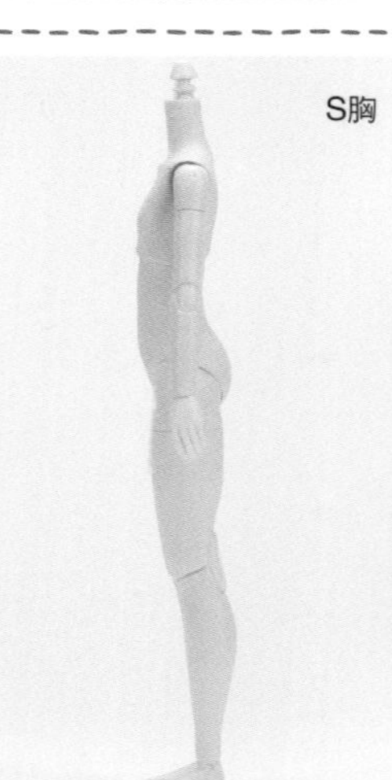

26 素體的纖細尺寸幾乎和 24 素體相同，除了可穿上 24 素體的服裝，也通用一般 1/6 娃娃的服飾，整體身形給人較為細窄的感覺（L 胸除外）。手腳腕的尺寸幾乎和 24 相同，所以可共用交換用的手腕，這點很令人開心。

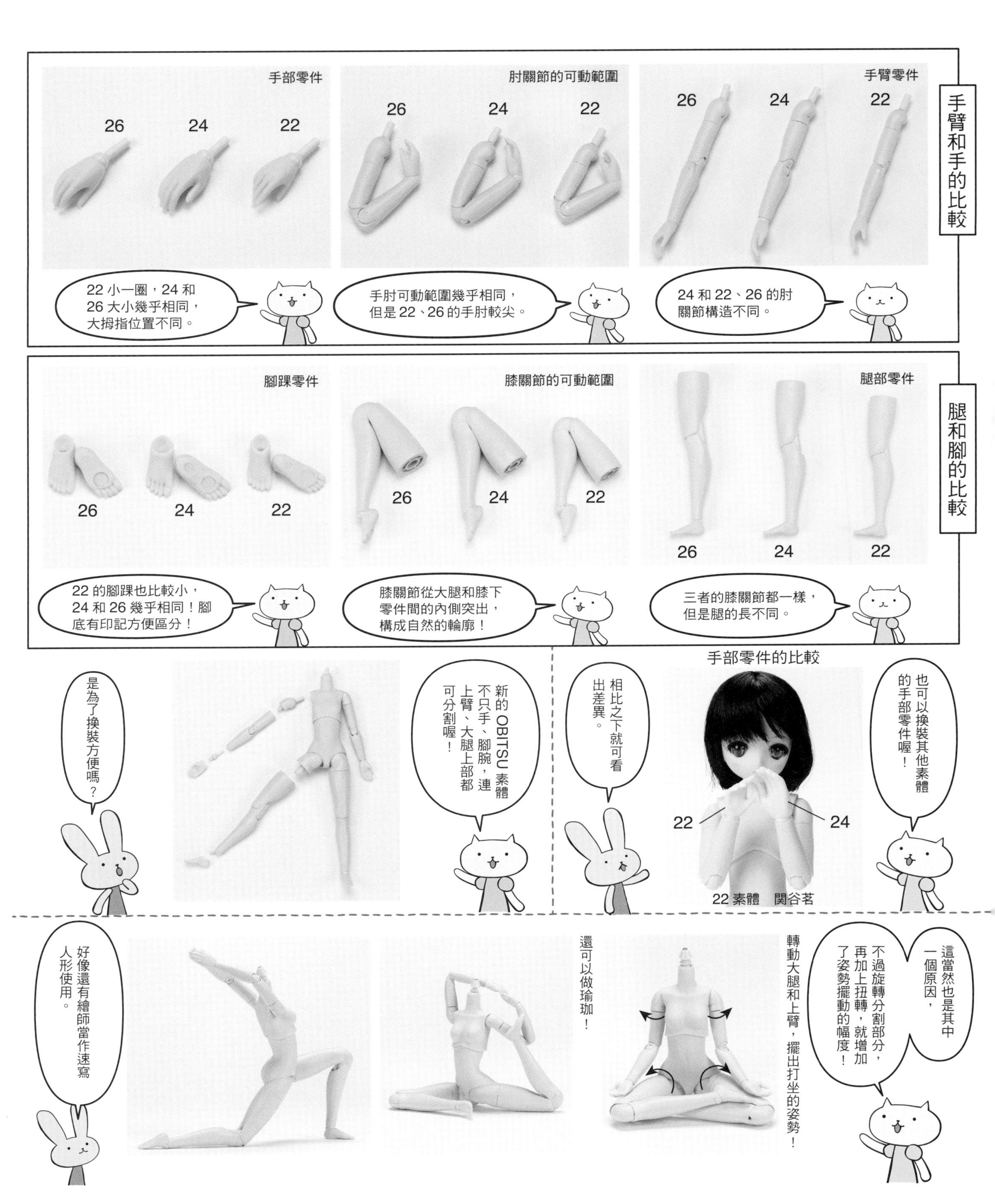
手臂和手的比較
手部零件
26
24
22
22 小一圈，24 和 26 大小幾乎相同，大拇指位置不同。
肘關節的可動範圍
26
24
22
手肘可動範圍幾乎相同，但是 22、26 的手肘較尖。
手臂零件
26
24
22
24 和 22、26 的肘關節構造不同。
腿和腳的比較
腳踝零件
26
24
22
22 的腳踝也比較小，24 和 26 幾乎相同！腳底有印記方便區分！
膝關節的可動範圍
26
24
22
膝關節從大腿和膝下零件間的內側突出，構成自然的輪廓！
腿部零件
26
24
22
三者的膝關節都一樣，但是腿的長不同。
新的 OBITSU 素體不只手、腳腕，連上臂、大腿上部都可分割喔！
是為了換裝方便嗎？
手部零件的比較
也可以換裝其他素體的手部零件喔！
相比之下就可看出差異。
22
24
22 素體　関谷茗
這當然也是其中一個原因，
不過旋轉分割部分，再加上扭轉，就增加了姿勢擺動的幅度！
轉動大腿和上臂，擺出打坐的姿勢！
還可以做瑜珈！
好像還有繪師當作速寫人形使用。

尾櫃制服計畫的娃娃比較

做成表格記錄了素體、胸部、娃頭，也請大家參考頭髮長度和眼珠顏色等。

素體：OBITSU 24
胸部：S胸
娃頭原型：MM
眼珠：普通眼珠

這是 2017 年 10 月開始「尾櫃制服計畫」第 1 波接單販售的娃娃，使用「OBITSU 24」素體的原創娃娃系列。膚色為白肌，由 Out of Base 負責化妝和眼珠設計。

Shino Yaesaka　MM-01

娃頭尺寸　11cm

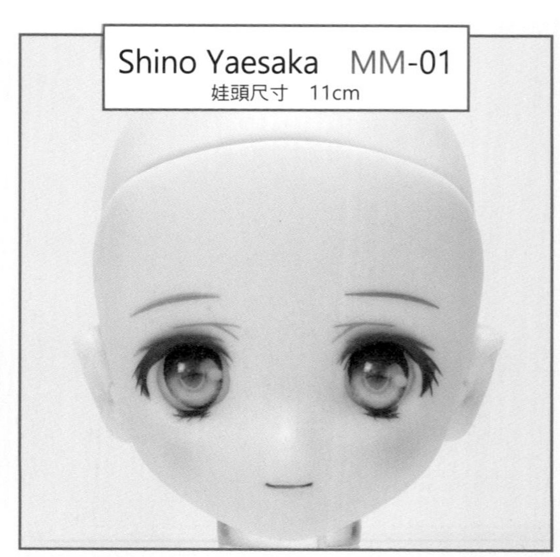

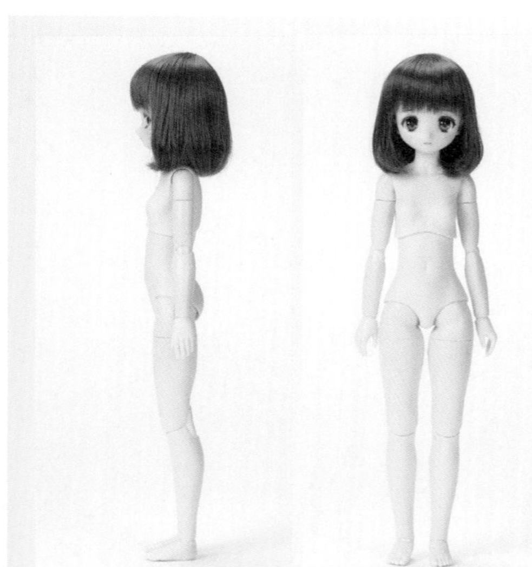

素體：OBITSU 24
胸部：S胸
娃頭原型：MM
眼珠：普通眼珠

這是 2017 年「尾櫃制服計畫」第 2 波販售的娃娃，和 Shino Yaesaka 都是使用「MM-01」娃頭，但是妝容不同，而且 1st 娃娃是配戴假髮。在 2019 年 6 月「OBITSU 展」中與 AZONE 聯名以限定娃娃之姿展出，獲得大家的喜愛。

上村 瑛理（うえむら えいり）　MM-01

娃頭尺寸　11cm

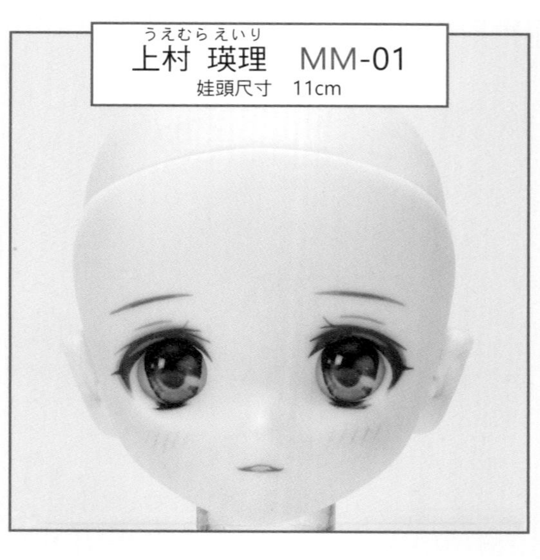

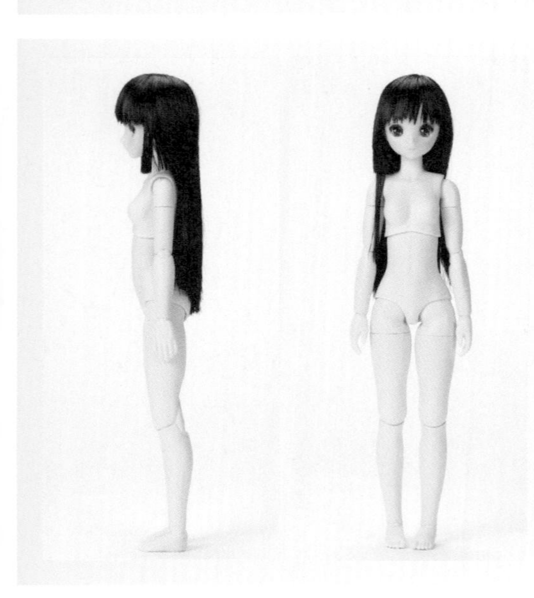

素體：OBITSU 24
胸部：M胸
娃頭原型：GR
眼珠：普通眼珠

這是 2018 年 6 月，制服計畫第 3 波登場的娃娃，第一次使用了 gurizuri matazou 製作的原型 GR 娃頭。眼珠由 Out of Base 設計。2020 年 2～3 月還發售了日曬肌小惡魔版和超白肌聖天使版。

関谷 宥（せき や ゆう）　GR-01

娃頭尺寸　10.1cm

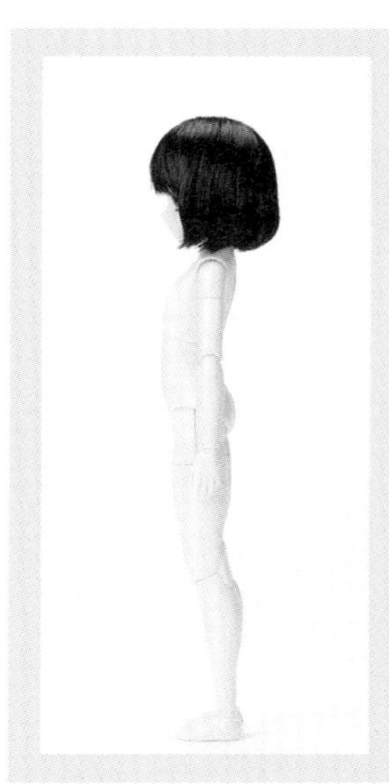

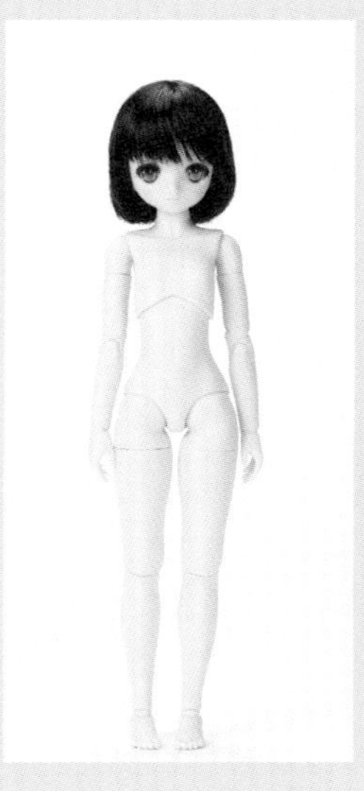

素體：OBITSU 22

胸部：S胸

娃頭原型：GR

眼珠：普通眼珠

這是 2019 年 6 月在系列第 4 波推出的娃娃，角色設定為関谷宥的妹妹（小學生），使用體型小一號的 OBITSU 22 素體。 由 gurizuri matazou 設計原型和化妝，並且由 Out of Base 負責眼珠設計。

関谷 茗（せきやめい） GR-02

娃頭尺寸 10.4cm

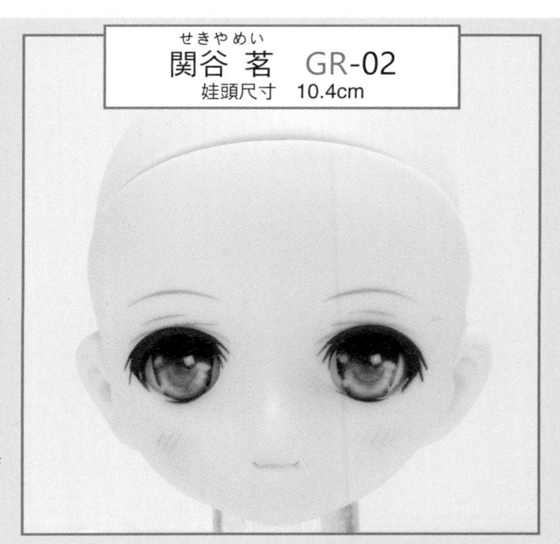

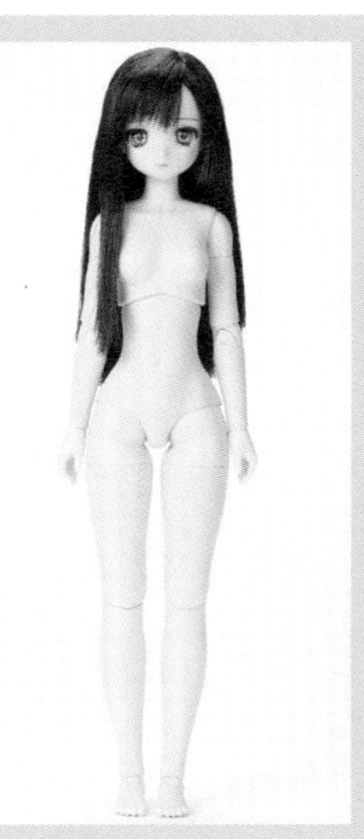

素體：OBITSU 26

胸部：M胸

娃頭原型：MM

眼珠：金屬眼珠

2019 年 12 月在系列第 5 波登場的三代靜，為第一次使用 OBITSU 26 素體的娃娃，還增加了許多新的嘗試，例如搭配金屬眼珠並且附上眼鏡。眼珠設計是由 Out of Base 負責。

三代 靜（みつしろしずか） MM-02

娃頭尺寸 10.8cm

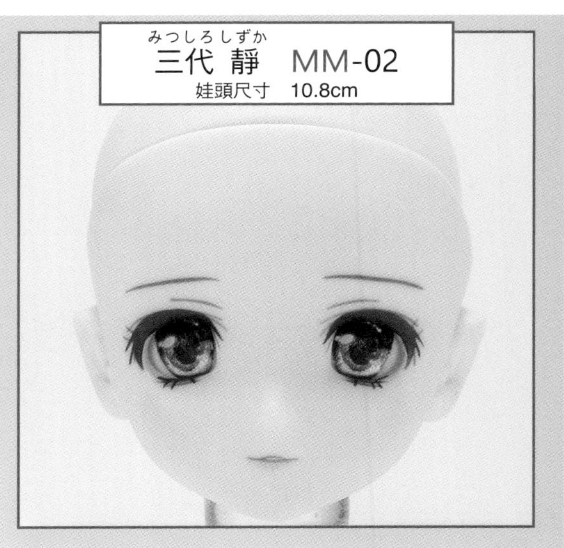

素體：OBITSU 22

胸部：M胸

娃頭原型：GR

眼珠：金屬眼珠

2020 年 7 月在系列第 6 波登場的山本 珠千花，雖然使用 OBITSU 22 素體，但角色設定為高中生，所以胸部為 M 胸。眼珠設計由 gurizuri matazou 負責，具有比以往眼珠縱長稍長的虹膜，很容易透過眼神展露表情。

山本 珠千花（やまもとすちか） GR-03

娃頭尺寸 10.4cm

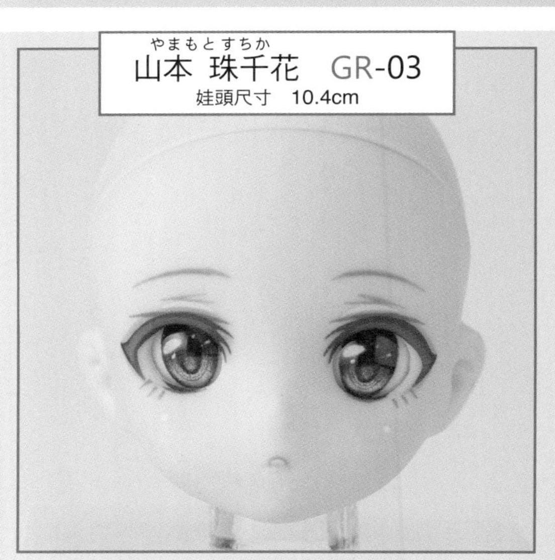

※依素體尺寸區分成不同顏色。

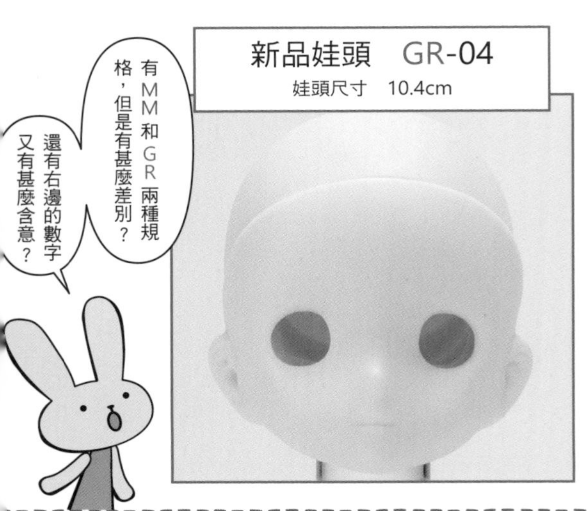

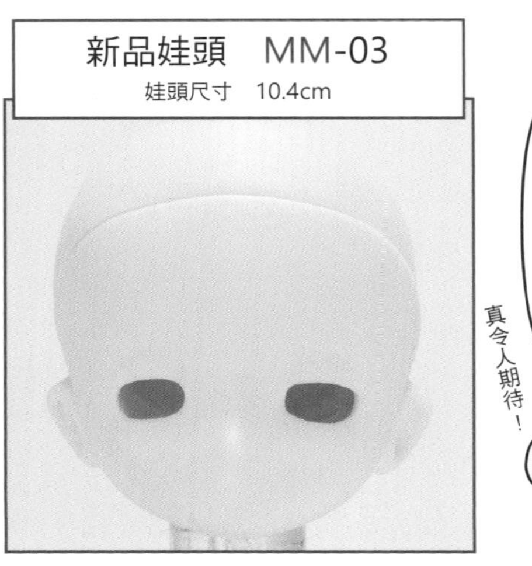

在臉部和頭蓋的交界繞一圈測量的頭圍即是娃頭尺寸。

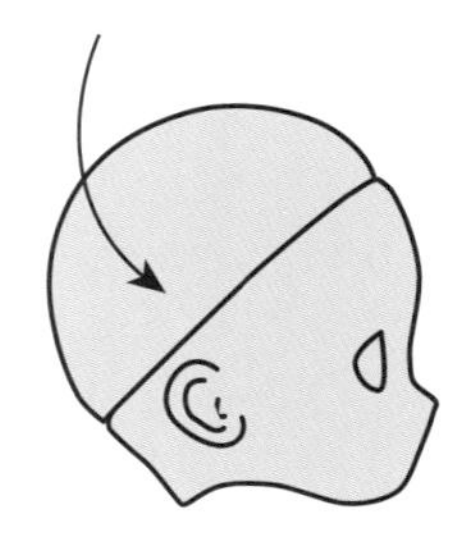

※ 在素體上黏貼量尺膠帶測量出尺寸。因測量方式的不同，數值可能會和廠商公布的尺寸產生差異，敬請知悉。

將新品娃頭和素體搭配組合

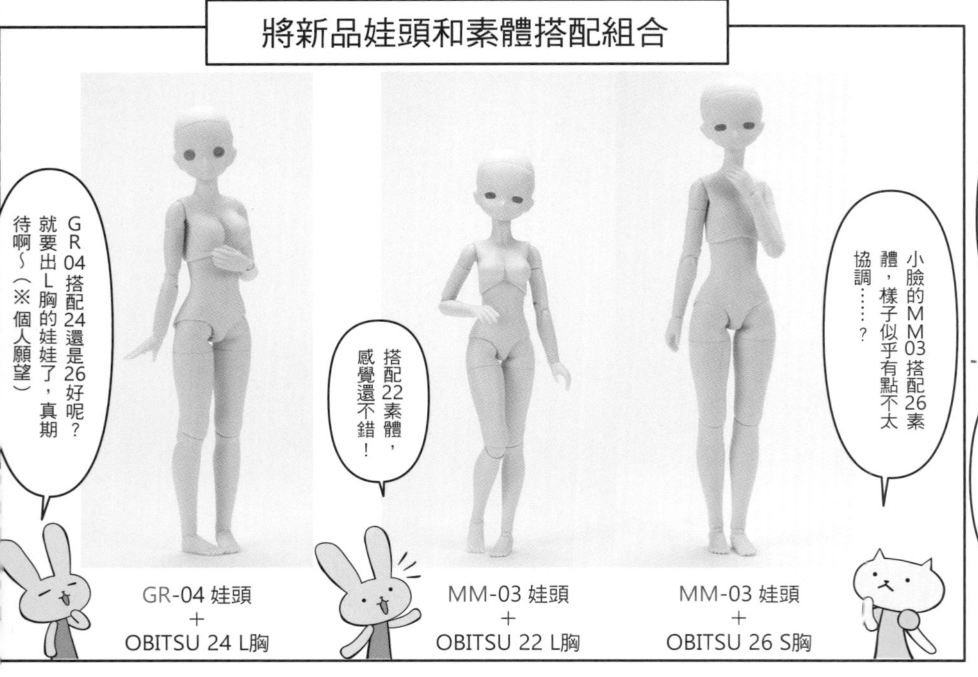

GR-04 娃頭 + OBITSU 24 L胸

MM-03 娃頭 + OBITSU 22 L胸

MM-03 娃頭 + OBITSU 26 S胸

這是娃頭原型製作者的名稱。現有系列的製作者為 MM 和 GR 兩位人員。

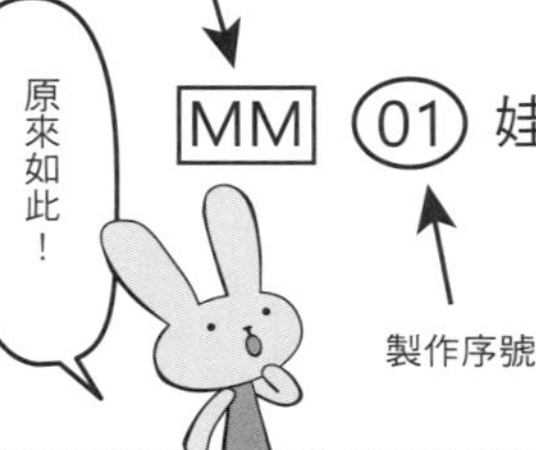

製作序號

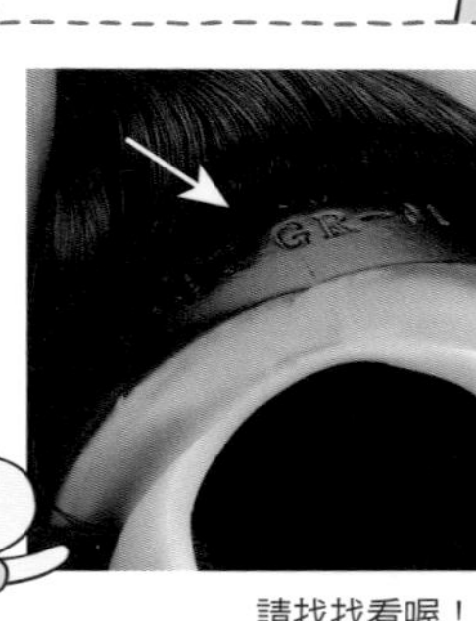

請找找看喔！

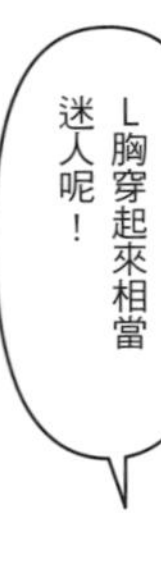

OBITSU 26 L胸

裙長也大約在大腿的位置，但是因為小腿比OBITSU 24長，所以看起來更像迷你裙。

OBITSU 24 M胸

裙子穿在OBITSU 22身上約及膝的長度，穿在OBITSU 24身上大概到大腿。

OBITSU 22 S胸

和M胸相比T-shirts穿起來較為寬鬆。

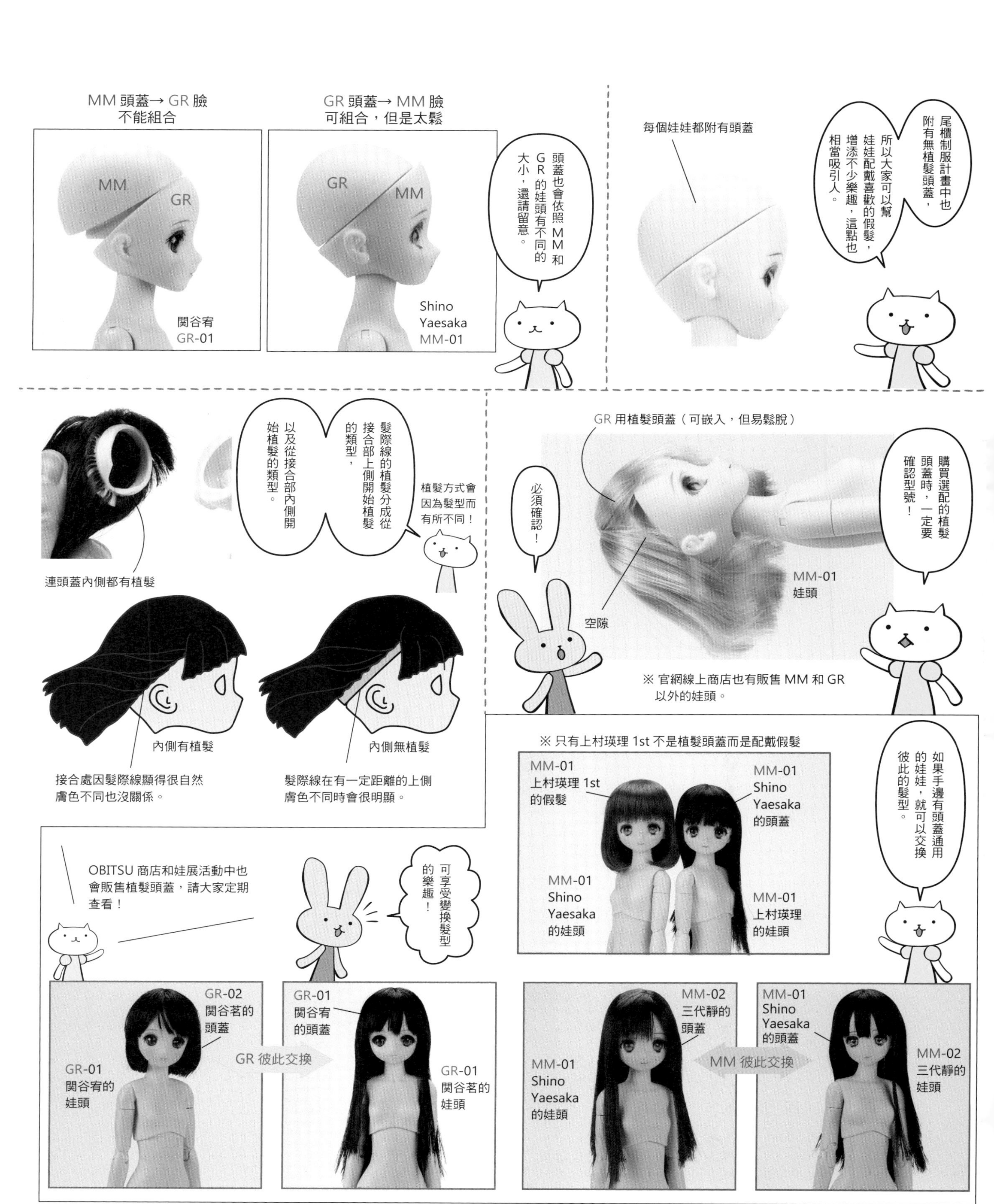

※GR03 和 GR01&02 的頭蓋尺寸不同。

只有上村瑛理1st不是植髮頭蓋，而是配戴假髮。
4英寸假髮
所以買和上村瑛理一樣4英寸的假髮就可以囉？
雖然4英寸假髮大多都可以戴上……
但是還是會因為髮型和個別差異發生偏小的情況。
4英寸
可以戴上，不過……
Calico wig 4inch
短辮子假髮（柑橘棕）
手一放開，假髮就會滑落，不夠服貼。
協助：Calico wig
如果可以找到，或許購買4.5英寸的假髮比較不會有問題。
4.5英寸
瀏海落點也恰到好處，大小沒有不協調的感覺。
Calico wig 4.5inch
微捲假髮（咖啡棕）
4.5英寸
假髮服貼，髮量也適中。
Calico wig 4.5inch
短假髮（柑橘棕）
想要配戴短髮和長瀏海的髮型，搜尋4.5英寸的假髮似乎是不錯的選擇。
看了髮型交換和各種素體，
也好想客製化成自己喜歡的樣子！
先把頭拔掉交換一下……
用力～
哇！等一下！
用拔的也不能把頭拆掉啦！
真的嗎？

拆除頭蓋的方法

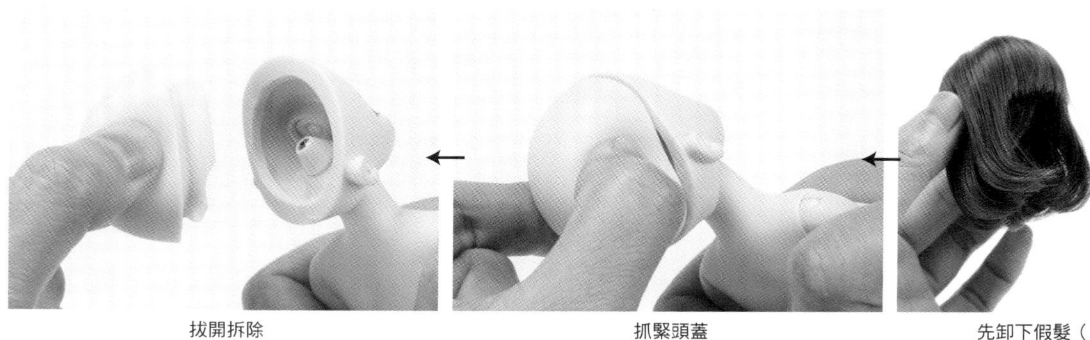

拔開拆除　　抓緊頭蓋

先卸下假髮（只有上村瑛理 1st）

拆除植髮頭蓋的方法

用透明套環圈住拆下的植髮頭蓋保存　　抓緊太陽穴附近拔出

植髮頭蓋的娃娃

組合植髮頭蓋的方法

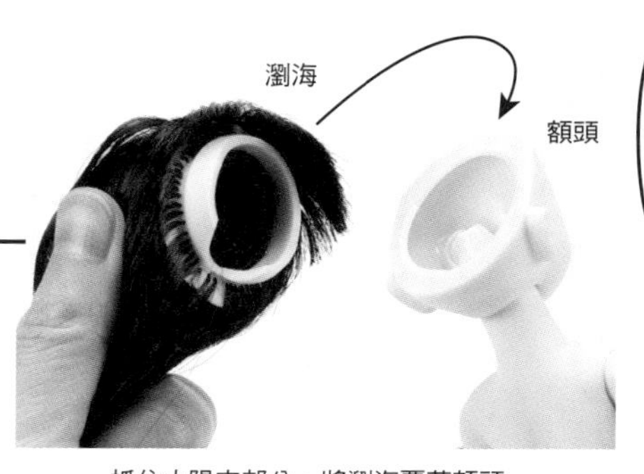

抓住太陽穴部分，將瀏海覆蓋額頭。

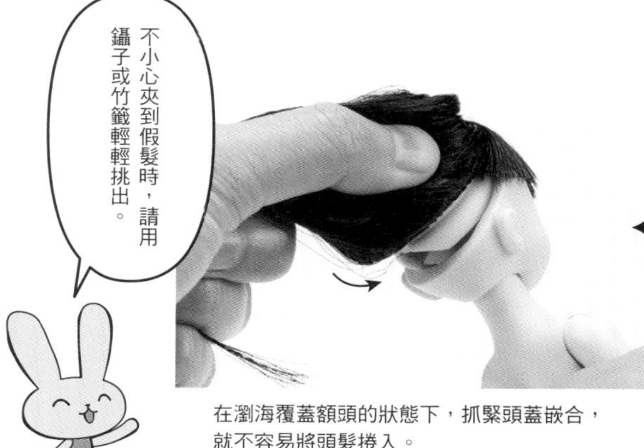

在瀏海覆蓋額頭的狀態下，抓緊頭蓋嵌合，就不容易將頭髮捲入。

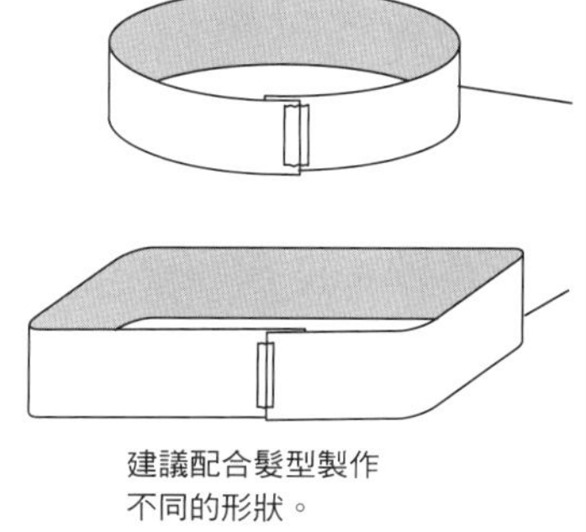

剪下厚紙板或透明文件夾，製作成可放入假髮圍住的尺寸大小。

建議配合髮型製作不同的形狀。

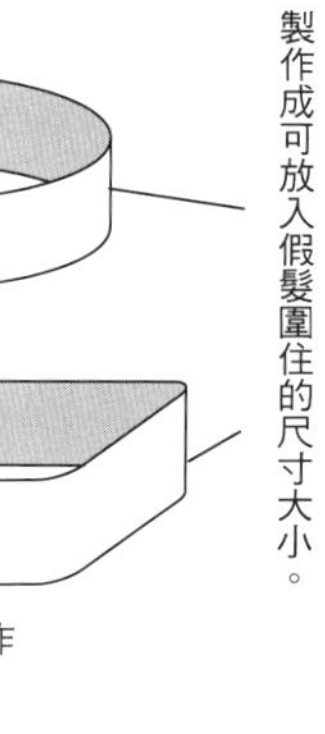

將植髮頭蓋放入圈中，再收進盒內保管。

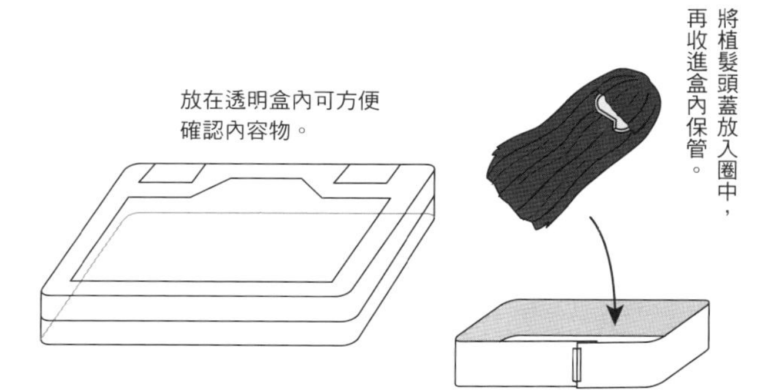

放在透明盒內可方便確認內容物。

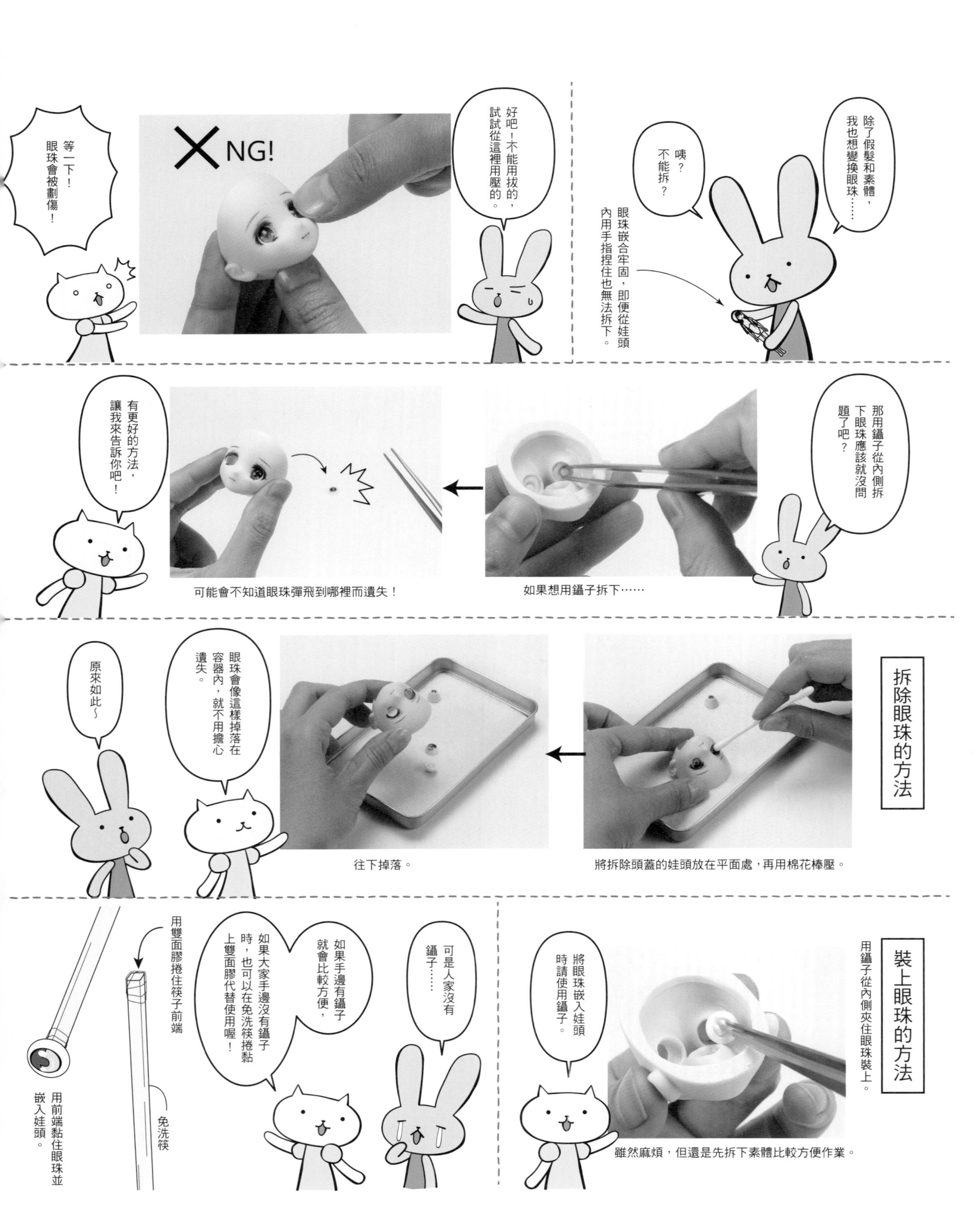
除了假髮和素體，我也想變換眼珠……
咦？不能拆？
眼珠嵌合牢固，即便從娃頭內用手指捏住也無法拆下。
好吧！不能用拔的，試試從這裡用壓的。
NG!
等一下！眼珠會被劃傷！
那用鑷子從內側拆下眼珠應該就沒問題了吧？
如果想用鑷子拆下……
可能會不知道眼珠彈飛到哪裡而遺失！
有更好的方法，讓我來告訴你吧！
拆除眼珠的方法
將拆除頭蓋的娃頭放在平面處，再用棉花棒壓。
往下掉落。
眼珠會像這樣掉落在容器內，就不用擔心遺失。
原來如此～
裝上眼珠的方法
用鑷子從內側夾住眼珠裝上。
將眼珠嵌入娃頭時請使用鑷子。
雖然麻煩，但還是先拆下素體比較方便作業。
可是人家沒有鑷子……
如果手邊有鑷子就會比較方便，
如果大家手邊沒有鑷子時，也可以在免洗筷捲黏上雙面膠代替使用喔！
用雙面膠捲住筷子前端
免洗筷
用前端黏住眼珠並嵌入娃頭。

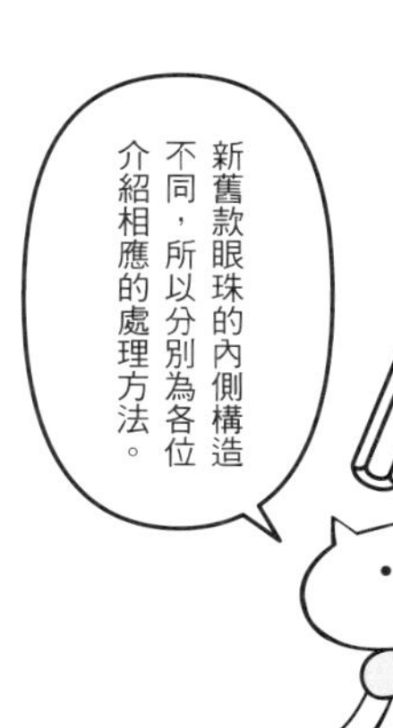

眼珠斜向一邊

明明想裝成這樣……

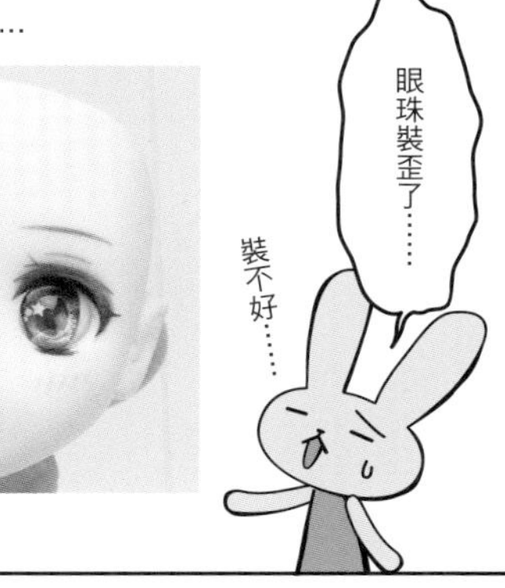

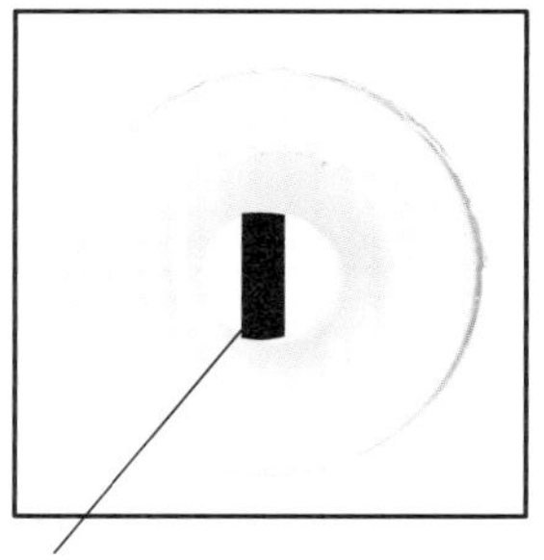

物件小不容易裝好，建議可以用細油性筆先在後面圓形上畫直線或橫線，就很容易知道是否裝歪。

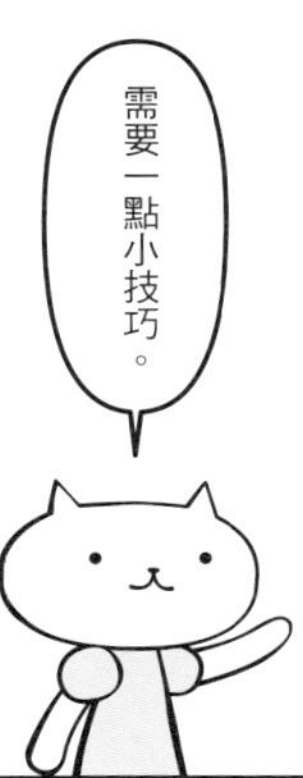

建議使用一字起子插在圓溝中轉動。

舊款眼珠

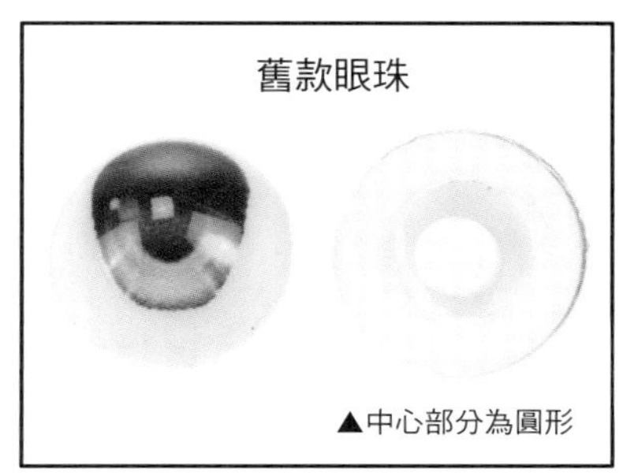

▲中心部分為圓形

嵌入後如果想用鑷子轉動，很容易滑掉。

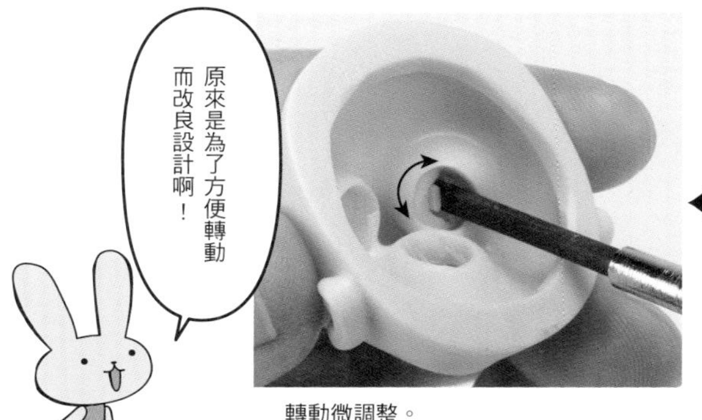

轉動微調整。

將一字起子插進內側橫溝。

新款眼珠

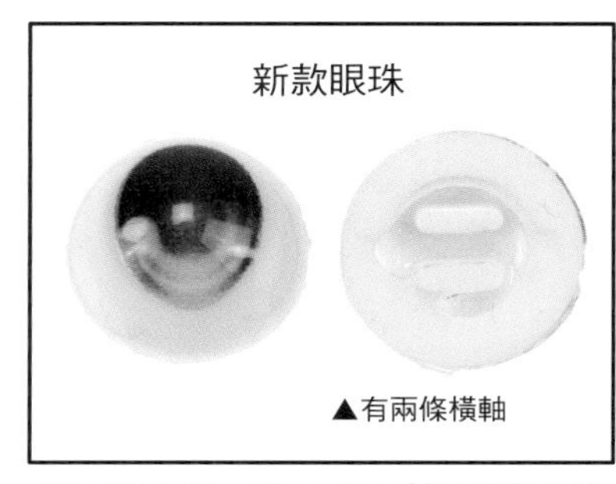

▲有兩條橫軸

因為橫軸歪斜，從內側就可清楚知道眼珠的角度，也方便轉動時微調整。

部分金屬眼珠

只有一部分為金屬，所以仍有閃閃發光的效果。

金屬眼珠

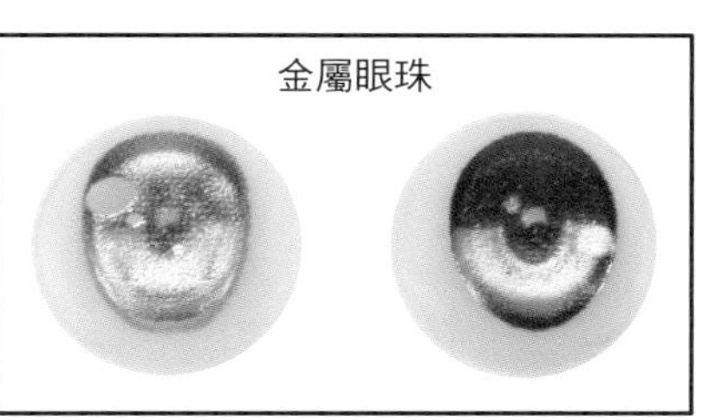

肉眼看時閃閃發光非常漂亮，攝影時很容易反光，拍攝有難度。

普通眼珠

紋路明顯，攝影方便。

哇～有各種眼珠耶！

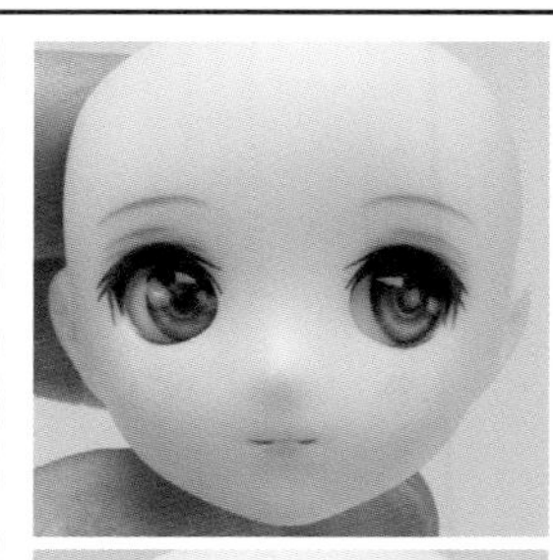

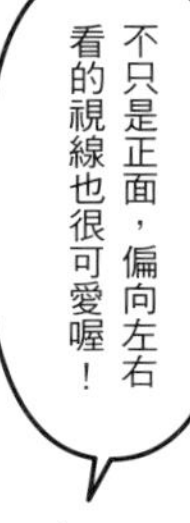

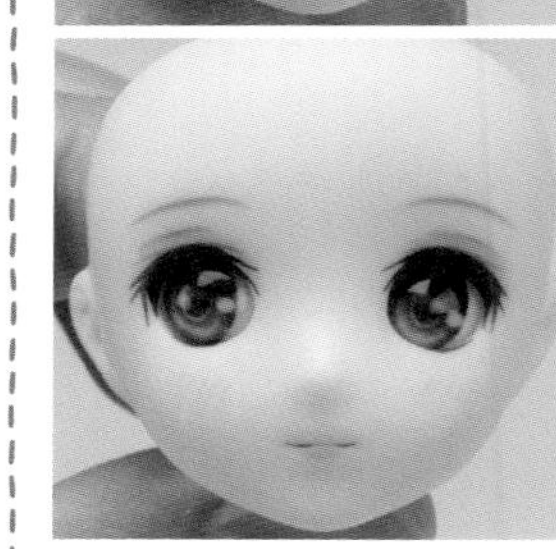

金屬眼珠的攝影技巧

拍攝金屬眼珠時，只有一邊有光線時，可用反光板從另一邊補光，或是用遮光板降低一邊的光線。

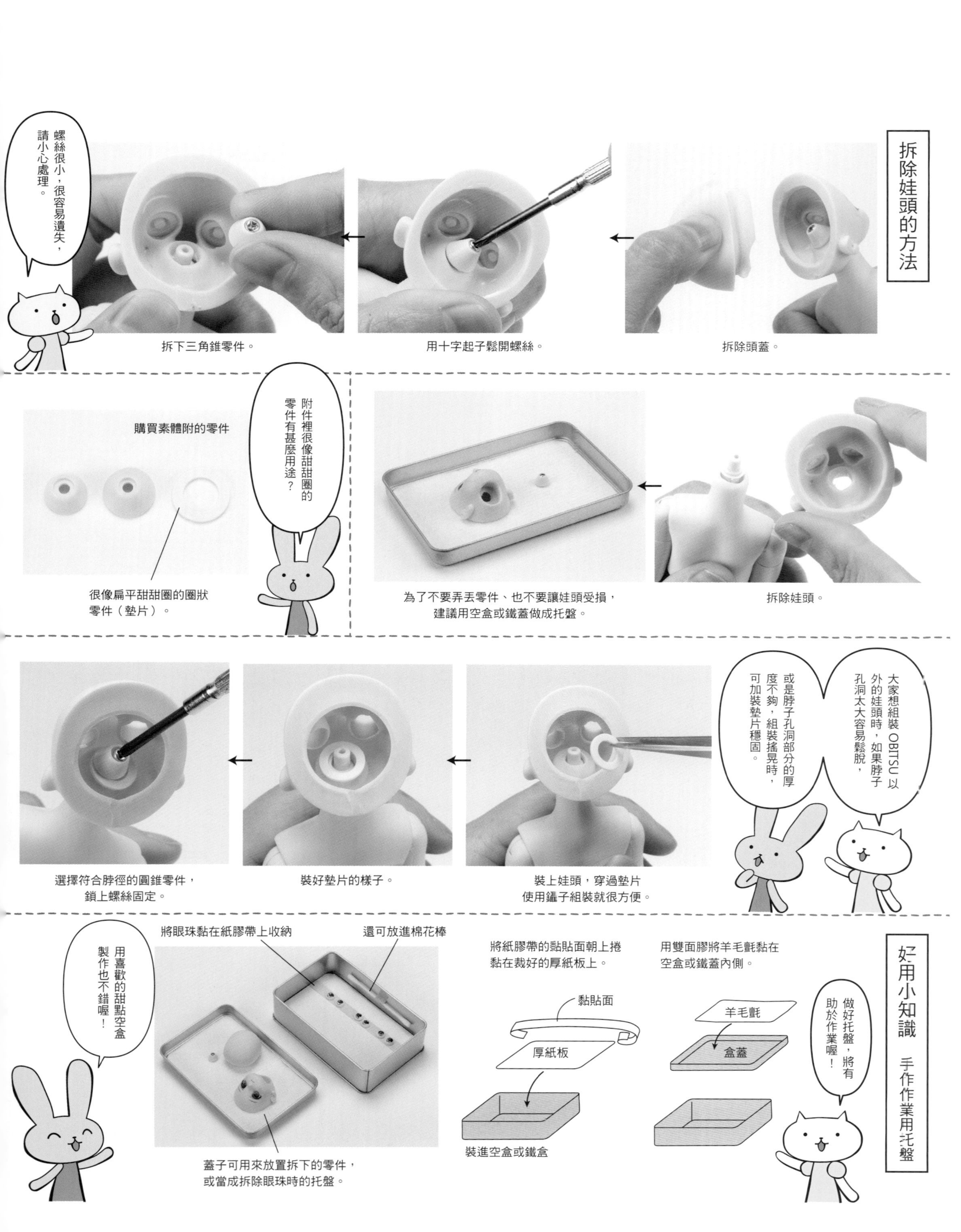

拆除娃頭的方法
螺絲很小，很容易遺失，請小心處理。
拆除頭蓋。
用十字起子鬆開螺絲。
拆下三角錐零件。
拆除娃頭。
為了不要弄丟零件、也不要讓娃頭受損，
建議用空盒或鐵蓋做成托盤。
附件裡很像甜甜圈的零件有甚麼用途？
購買素體附的零件
很像扁平甜甜圈的圈狀
零件（墊片）。
大家想組裝 OBITSU 以外的娃頭時，如果脖子孔洞太大容易鬆脫，
或是脖子孔洞部分的厚度不夠，組裝搖晃時，可加裝墊片穩固。
裝上娃頭，穿過墊片
使用鑷子組裝就很方便。
裝好墊片的樣子。
選擇符合脖徑的圓錐零件，
鎖上螺絲固定。
妙用小知識　手作作業用托盤
做好托盤，將有助於作業喔！
用雙面膠將羊毛氈黏在
空盒或鐵蓋內側。
羊毛氈
盒蓋
將紙膠帶的黏貼面朝上捲
黏在裁好的厚紙板上。
黏貼面
厚紙板
裝進空盒或鐵盒
將眼珠黏在紙膠帶上收納
還可放進棉花棒
蓋子可用來放置拆下的零件，
或當成拆除眼珠時的托盤。
用喜歡的甜點空盒製作也不錯喔！

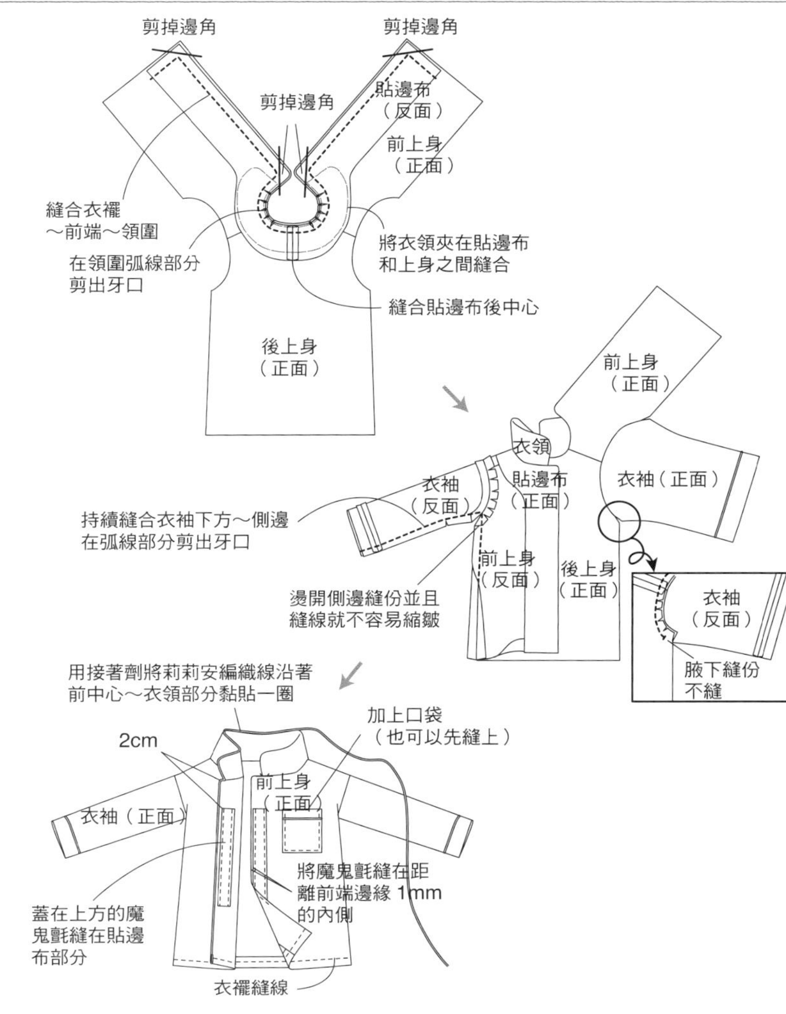

「睡衣」「褲子」

for OBITSU 24　design by 荒木佐和子

material [長×寬]

〈睡衣〉
□細平棉布：50cm×20cm
□ 5mm 鈕扣：4 顆（長版 6 顆）
□魔鬼氈：0.7cm 寬 ×4.5cm（長版 0.7cm 寬 ×8cm）
□莉莉安編織線：約 60cm

〈褲子〉
□細平棉布：30cm×20cm
（短褲 30cm×10cm）
□扁平鬆緊帶（約 3mm 寬）：11cm
□莉莉安編織線：約 20cm

How to make〈睡衣〉
① 衣領布料正面對摺，反面黏上貼有雙面膠或紙膠帶的輔助紙型，除了領圍之外，將周圍縫合。
② 依照紙型裁剪領圍。其他部分預留 0.3cm 縫份後裁剪，弧線部分剪出 V 字型牙口後翻回正面。
③ 卡夫對摺縫在袖口。縫份剪成約 0.3cm 後，塗上防綻液。
④ 將卡夫和袖口的縫份用熨斗燙開，翻回正面，黏上莉莉安編織線。建議將衣袖捲成圓弧狀黏貼。
⑤ 將口袋周圍摺起，在距離上緣約 0.5 ～ 0.6cm 處黏上莉莉安編織線。
⑥ 將口袋縫在上身（也可以完成後再縫上。為了以圖示清楚說明步驟，於上身完成後縫上）。
⑦ 縫合前後上身的肩線，燙開縫份。
⑧ 縫合貼邊布後中心，燙開縫份。
⑨ 將衣領夾在上身和貼邊布之間，沿著衣襬～前端～領圍縫合一圈。
⑩ 在衣領弧線部分剪出牙口，剪掉邊角翻回正面。
⑪ 在上身弧線部分剪出牙口，縫上衣袖。不要縫兩邊的縫份。
⑫ 衣袖和上身正面相對，縫合衣袖下方至側邊。如果先燙開側邊縫份，翻回正面時就不易縮皺。
⑬ 將魔鬼氈縫在距離前端邊緣 1mm 的內側。穿著時蓋在上方的魔鬼氈只縫在貼邊布部分。
⑭ 衣襬摺起縫線。
⑮ 在前端和衣領邊緣黏上莉莉安編織線。

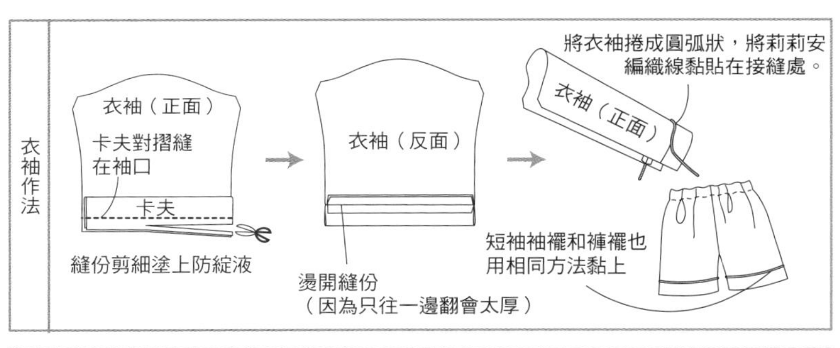

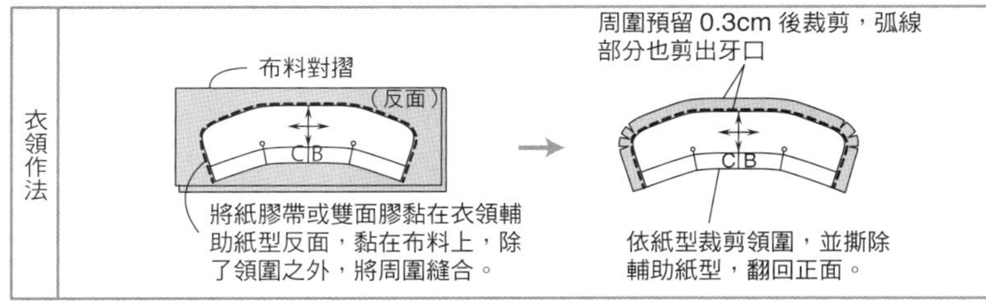

How to make〈褲子〉
① 褲襬部件對摺縫在褲襬。縫份剪成約 0.3cm 後，塗上防綻液。
② 用熨斗將縫份燙平。翻回正面，黏上莉莉安編織線。建議將褲襬捲成圓弧狀黏貼。
③ 褲子正面相對，縫合股圍部分。其下方縫份和一邊穿過鬆緊帶的部分不要縫。
④ 在弧線部分剪出牙口，燙開縫份。
⑤ 縫合股下。翻回正面時布料縮皺，就在弧線部分剪出牙口。
⑥ 腰圍摺起縫線。
⑦ 腰圍穿過鬆緊帶。

抱枕作法請參閱紙型頁面

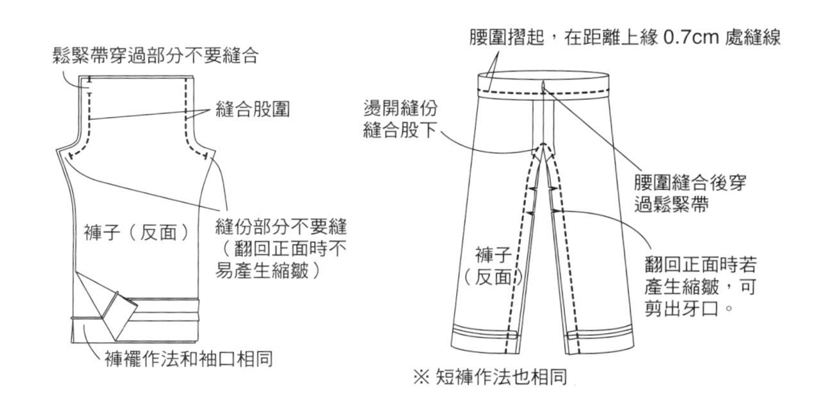

尾櫃制服計畫

関谷宥變身計畫

by 関口妙子（F.L.C）

要為小惡魔関谷宥和小天使関谷宥換上甚麼樣的穿搭？
F.L.C 関口妙子要為大家介紹
與小麥肌相襯、散發活力的短褲，
同時也來挑戰牛仔褲的破損設計！

Cold Shoulder Blouse

充分利用左右打開的上身和鬆緊帶的設計！
「附衣袖」是具挑戰性的娃服縫製類型，
這也是連初學者都能輕鬆完成的款式。

Material [長×寬]

- □方格紋棉布：35cm×15cm
- □ 4 cord 鬆緊帶：30cm
- □小圓珠：5 顆
- □魔鬼氈：1.2cm×4cm

1.

衣袖
前上身
後上身
衣袖
小圓珠 ×5
4 cord 鬆緊帶
魔鬼氈

依照紙型裁剪各個部件，並且經過防綻處理。

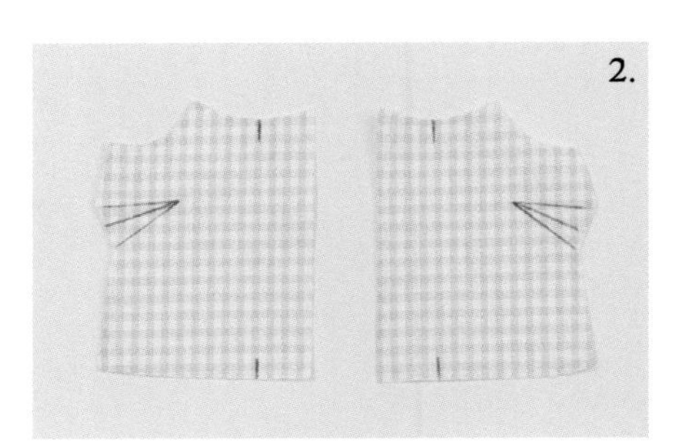

2. 在前上身標註尖摺和貼邊布的記號。

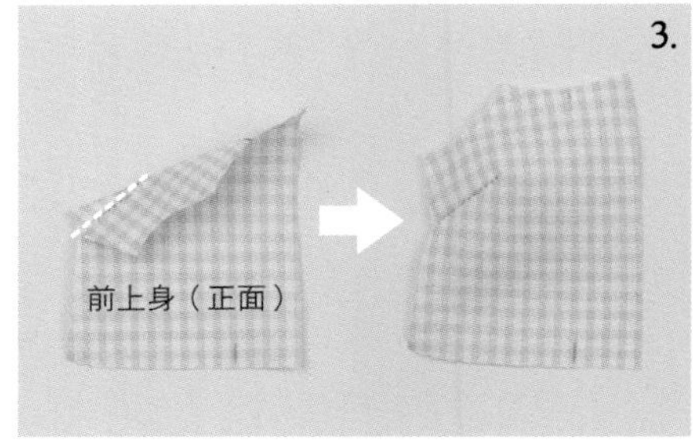

3. 將尖摺正面對摺縫合。縫份往上倒，用熨斗壓燙。

4. 依照完成線摺出衣袖的上下縫份，建議下側弧線部分摺細一點。

5. 在距離縫份摺痕 5mm 的位置加上縫線。

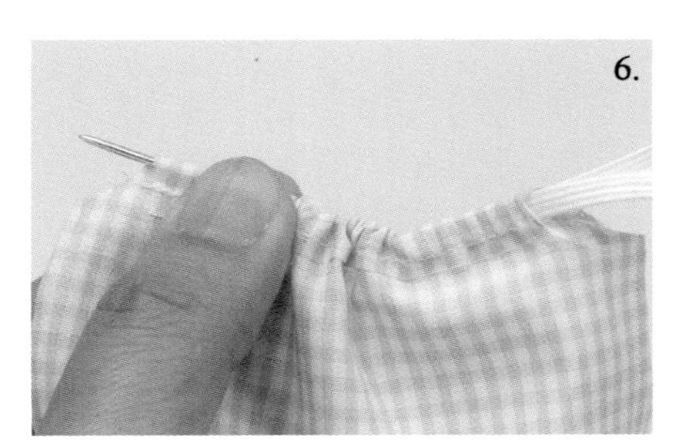

6. 鬆緊帶穿過毛線針後穿過衣袖上側縫份，將鬆緊帶穿入。

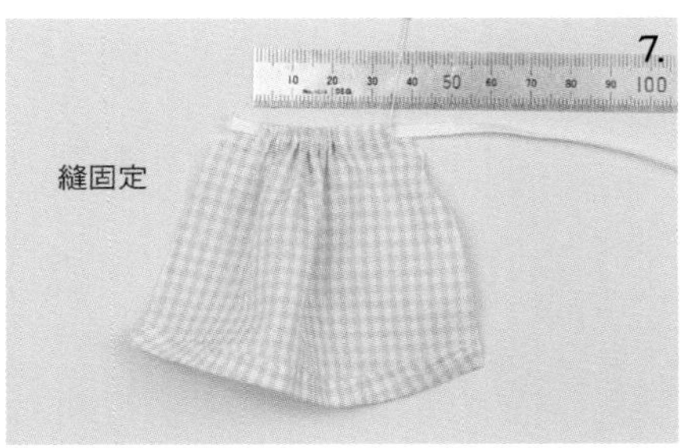
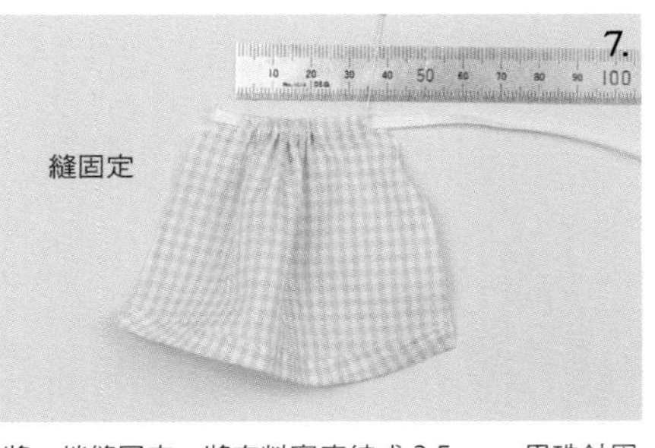

7. 將一端縫固定，將布料寬度縮成 3.5cm，用珠針固定。

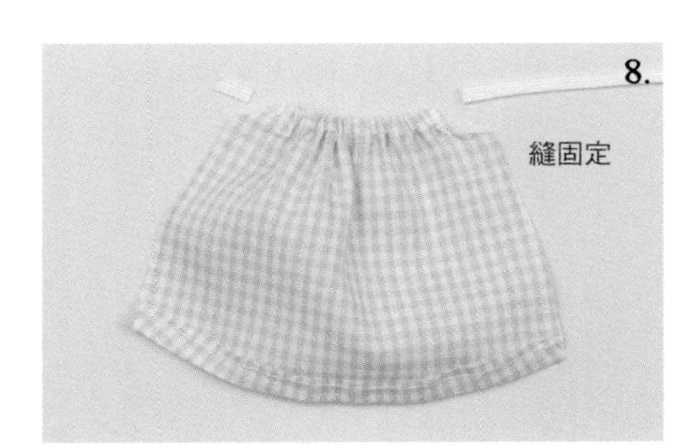

8. 將另一端也縫固定，剪掉多餘的鬆緊帶。

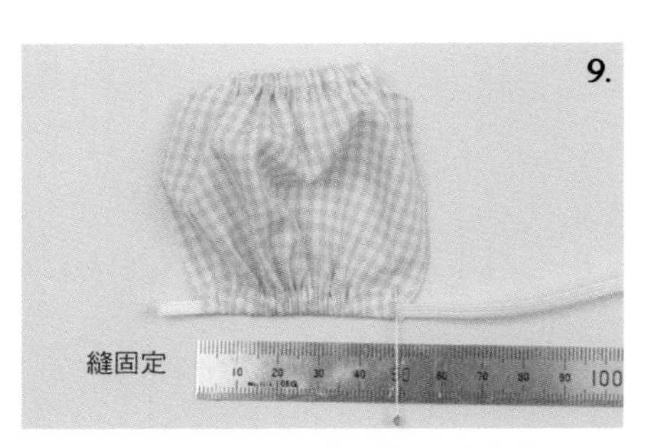

9. 衣袖下側也一樣穿過鬆緊帶，將布料寬度縮成 5cm 並用珠針固定。

將鬆緊帶邊端縫固定，剪掉多餘的鬆緊帶。

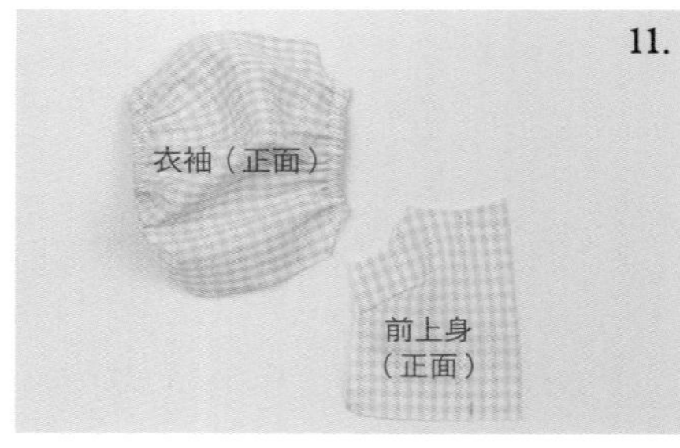

鬆緊帶穿過衣袖後，將衣袖和前上身縫合。

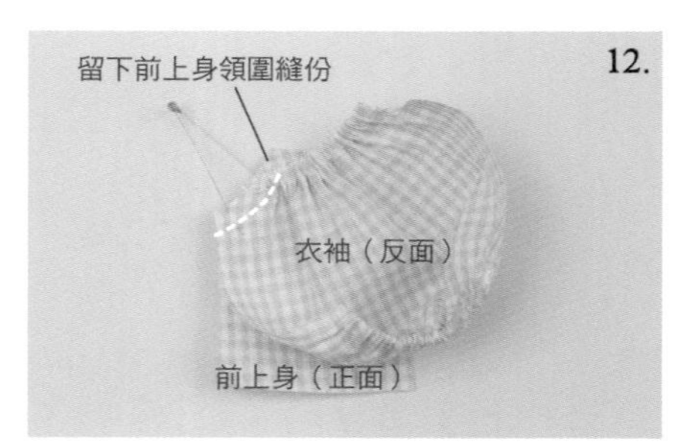

腋下正面相對重疊，在完成線的位置縫合。

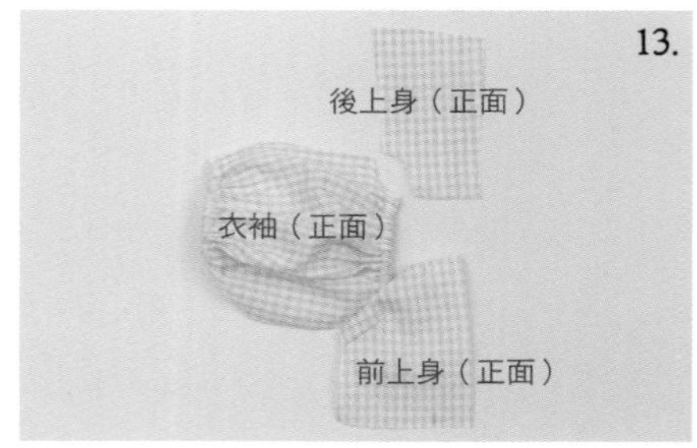

將衣袖和後上身縫合。

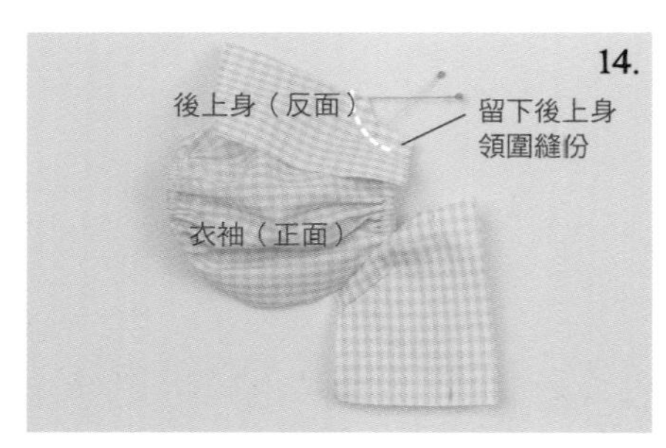

腋下正面相對重疊，在完成線位置縫合。

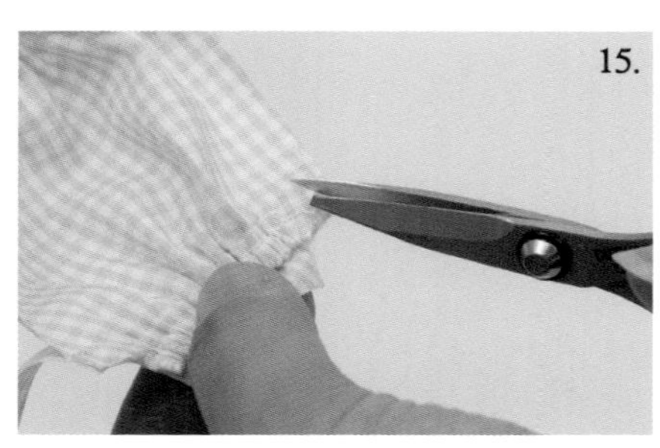

在衣袖縫份弧線剪出牙口。

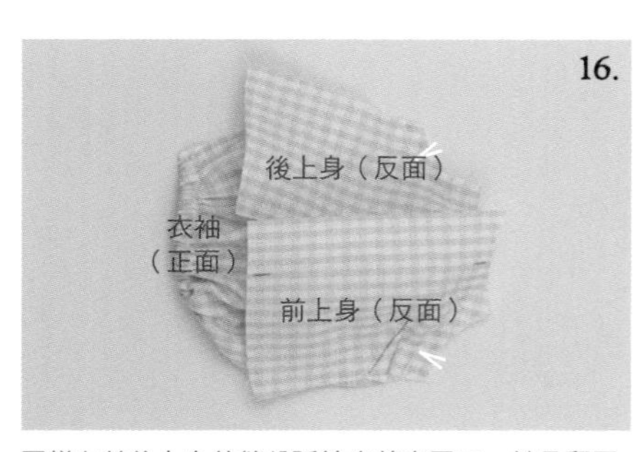

同樣在前後上身的縫份弧線也剪出牙口，並且翻回正面。

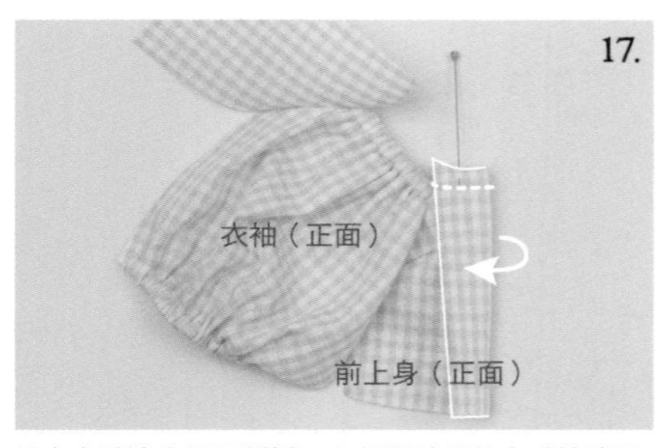

前上身貼邊布正面對摺，在領圍該側的完成線位置加上縫線。

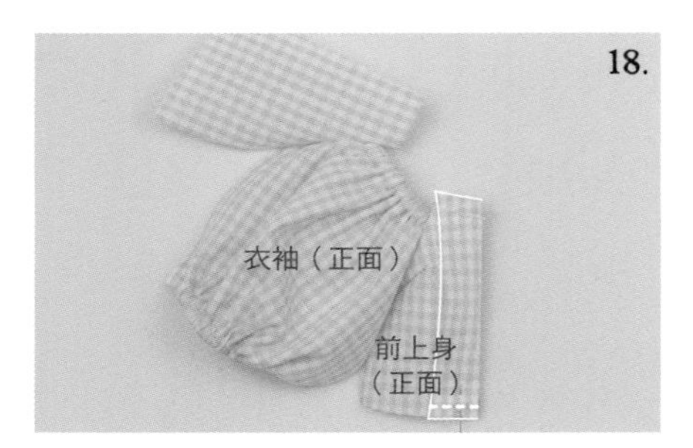

貼邊布衣襬該側的完成線位置也加上縫線。

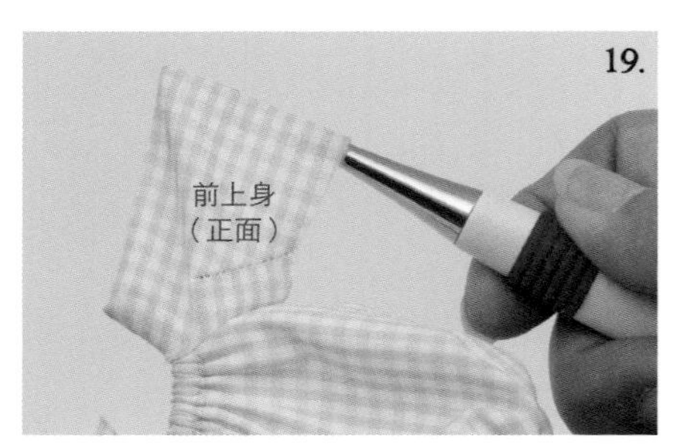

翻回正面，用錐針修出邊角。

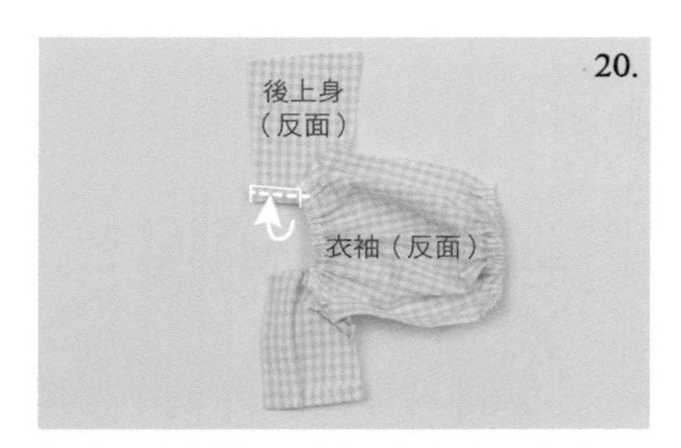

依照完成線摺出後上身的領圍縫份並加上縫線。

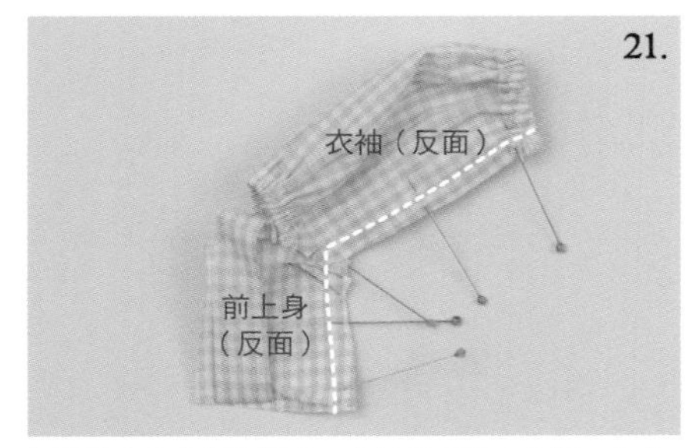

打開前上身衣襬的摺痕，衣袖縫份往上身倒，上身正面對摺，在前上身衣襬摺痕打開的狀態，正面相對縫合前上身衣襬～側邊～衣袖下方。

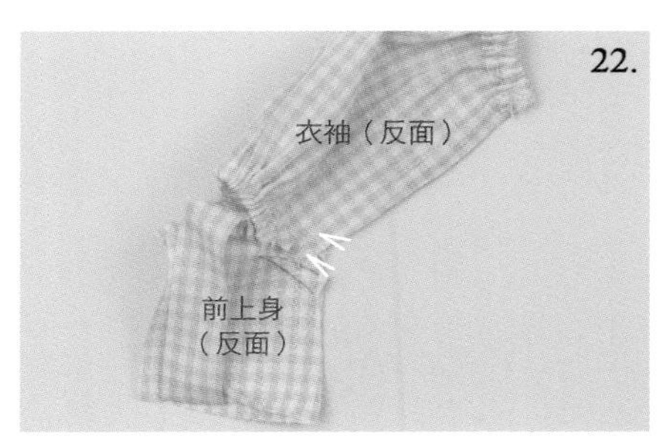

在腋下前後都剪出牙口。

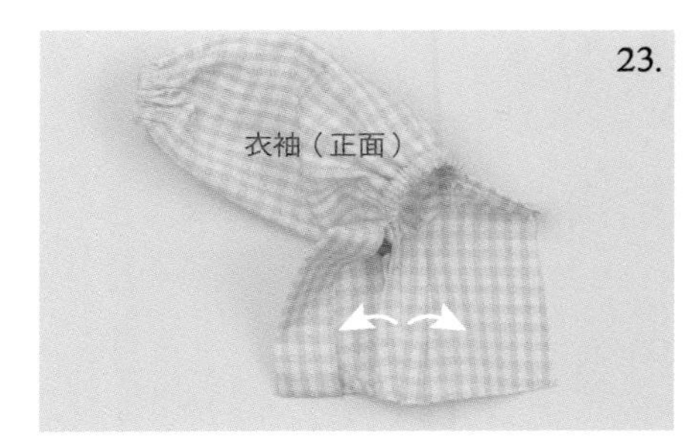

翻回正面，打開側邊縫份。

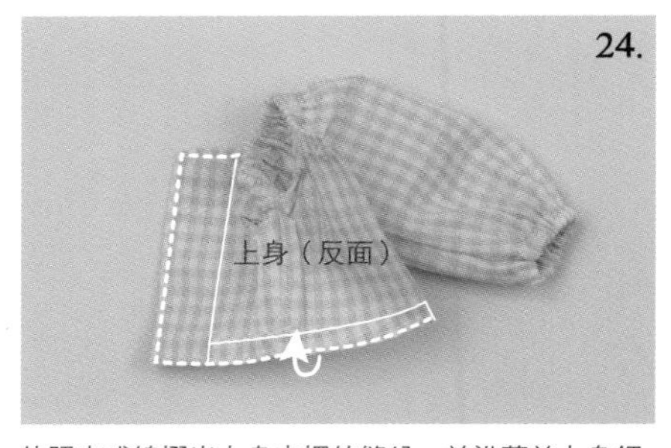

依照完成線摺出上身衣襬的縫份，並沿著前上身領圍～門襟～衣襬加上壓縫線。

另一邊用同樣方法縫製。

只在左上身距離門襟 6mm 的位置標註記號，在重疊部分點塗布用接著劑。

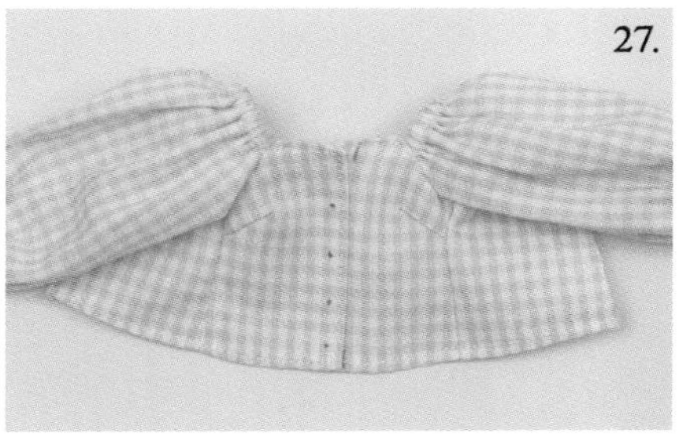

依照記號位置與右上身黏合，並且在鈕扣位置標註記號。

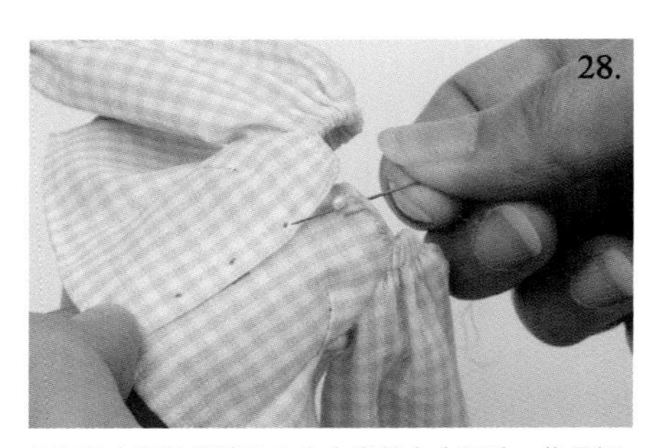

只有最上面的記號是在左上身縫上小圓珠，像是解開扣子的樣子。

剩餘的小圓珠與左右上身重疊縫合。

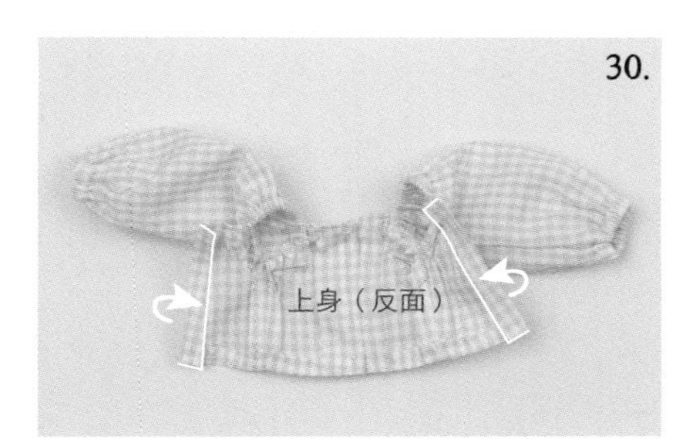

依照完成線摺出左右後開口的縫份。

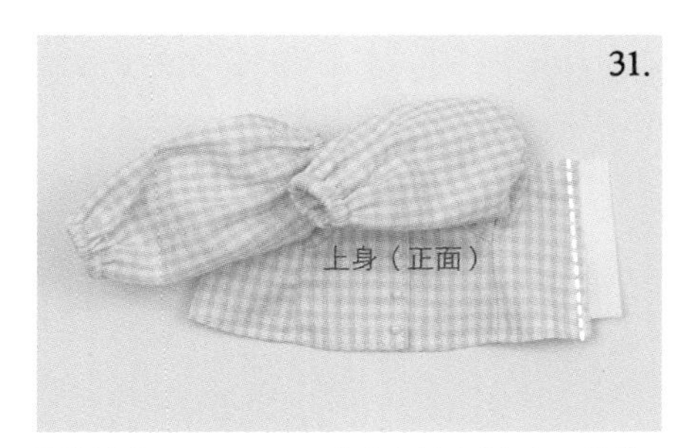

準備剪成 1.2cm×4cm 的魔鬼氈（公扣），縫超出左後上身的正面。

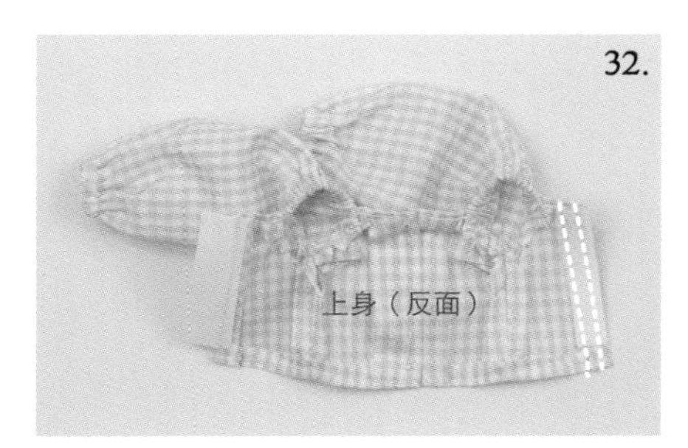

將剪成 0.8cm×4cm 的魔鬼氈（母扣）縫在右後上身反面。

罩衫完成。

Material [長×寬]
□ 8 盎司牛仔布料：25cm×10cm
□風紀扣（公扣）：1 個

介紹刷破設計的作法，
並且在袖珍款牛仔褲上逼真重現！
請準備薄牛仔布料和淺棕色縫線。

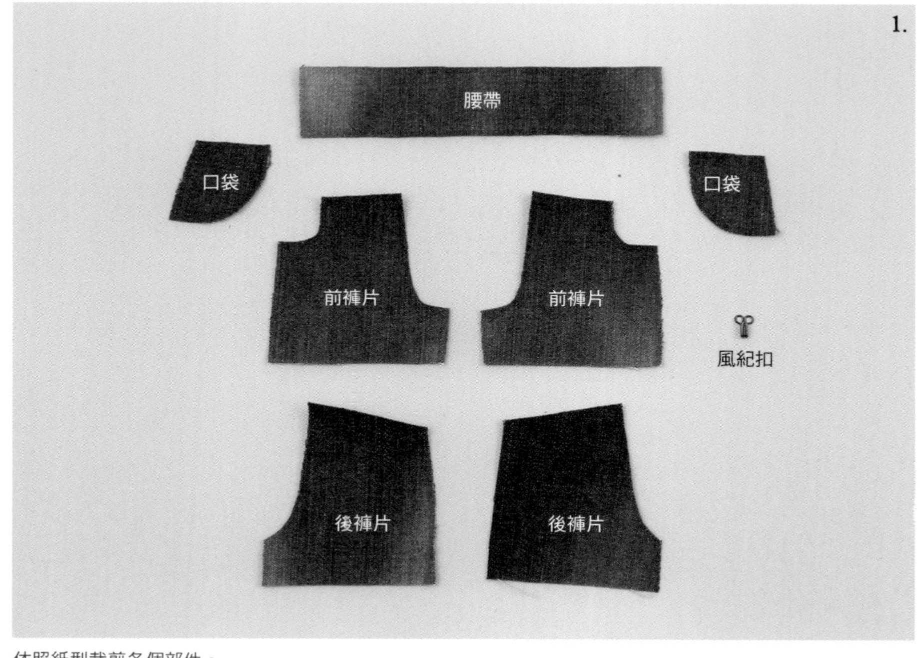

依照紙型裁剪各個部件。

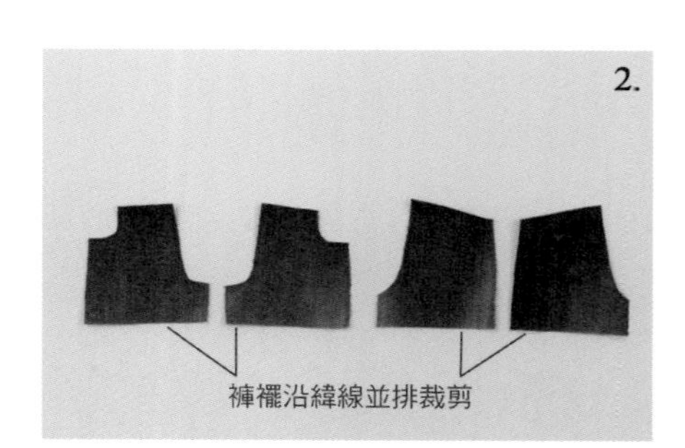

沿著牛仔布料的緯線剪裁出前後褲片的褲襬線條，
褲襬以外的部分都塗上防綻液。

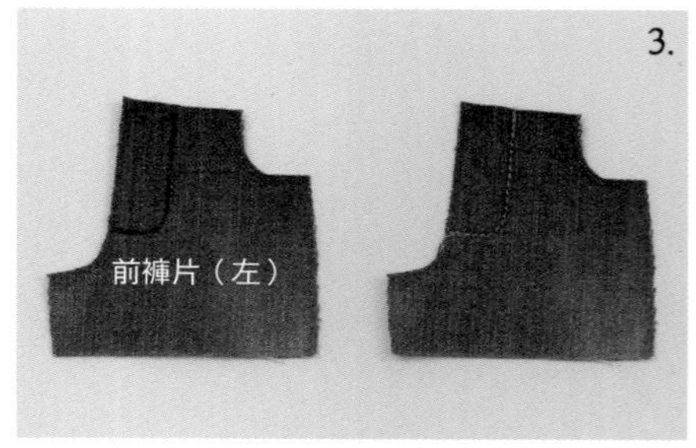

參考紙型，在左前褲片描出門襟記號，加上縫線。

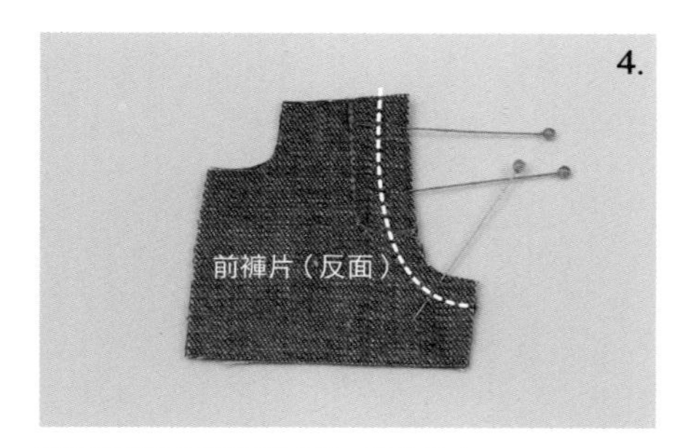

左右前褲片正面相對重疊，縫合股上。

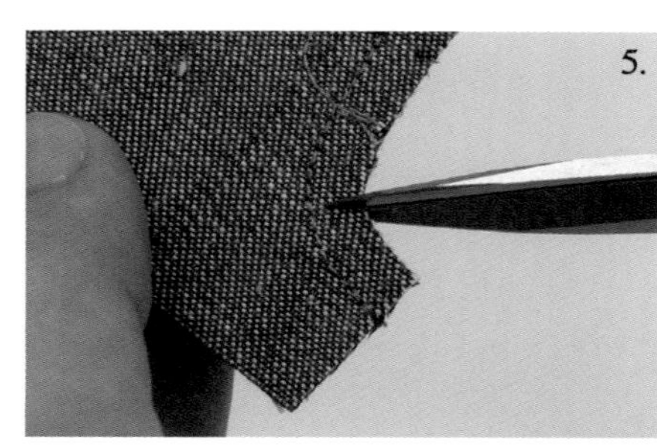

在縫份弧線剪出牙口。

6\.
前褲片（正面）

將縫份往左前褲片倒，加上壓縫線。

在前褲片的袋口縫份剪出細小牙口。

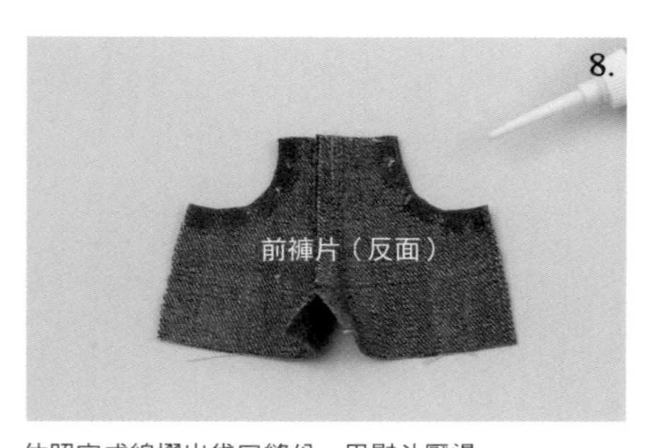

依照完成線摺出袋口縫份，用熨斗壓燙。

在袋口墊布的縫份點塗布用接著劑後黏合。

在袋口縫上壓縫線，另一邊的袋口也用相同方法製作。

和後褲片正面相對重疊縫合。

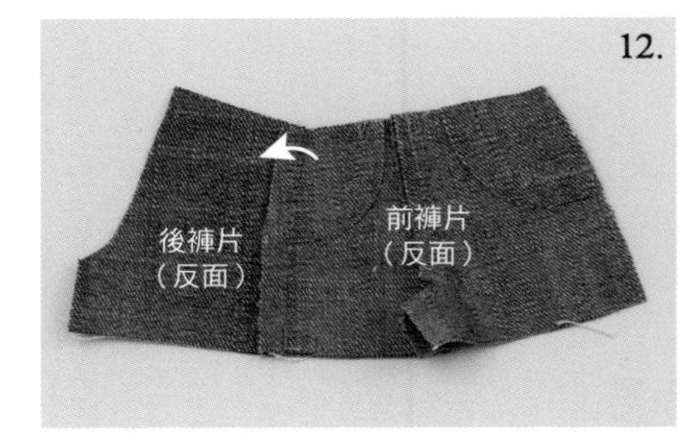

縫份往後褲片倒。

在後褲片加上壓縫線。

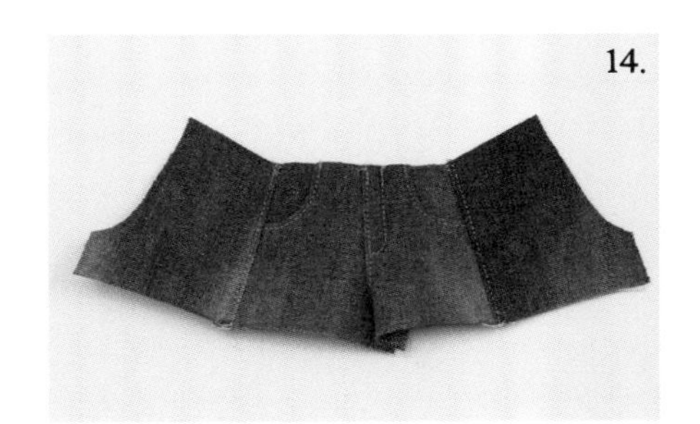

另一邊也用相同方法縫製。

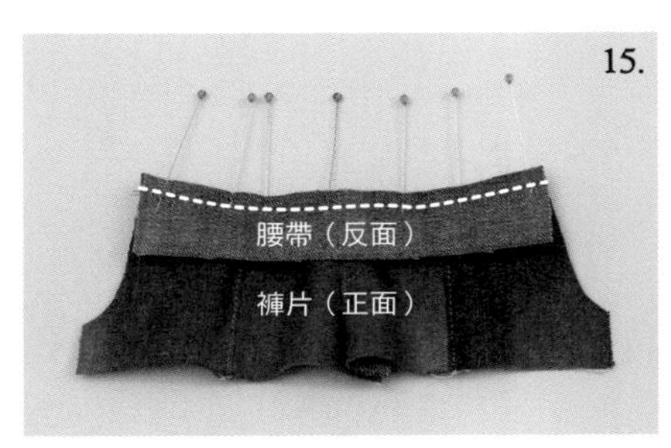

和腰帶正面相對縫合。

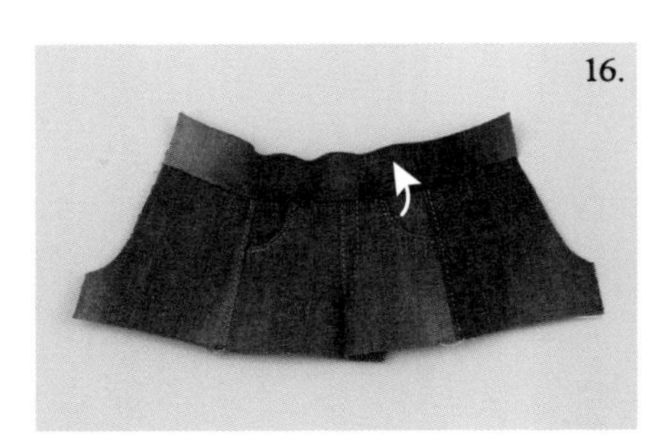

腰帶翻回正面。

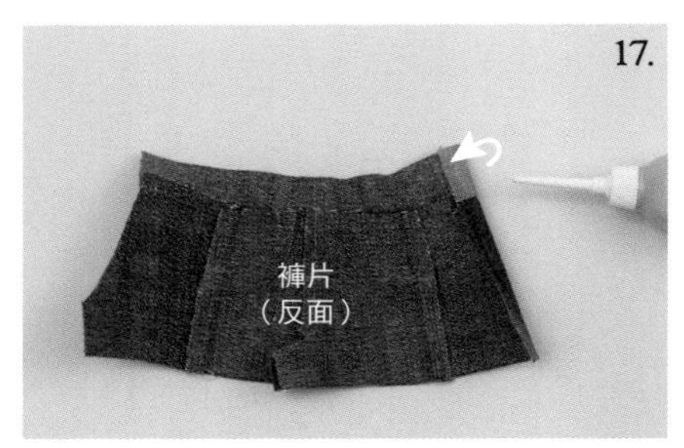

依照完成線摺出腰帶右後側的縫份，用接著劑暫時固定。

腰帶往內側反摺，用接著劑暫時固定。

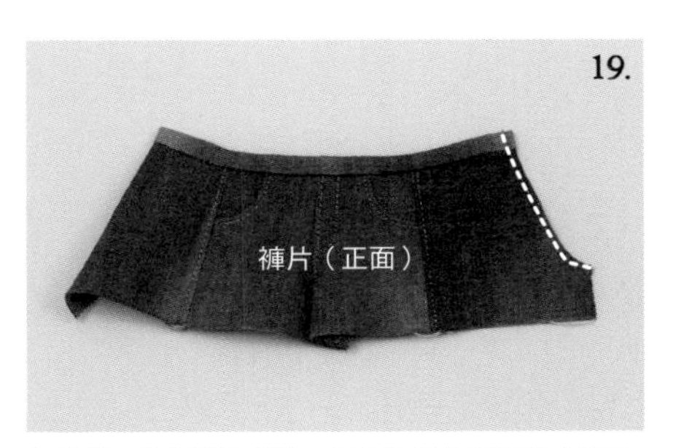

左後側的股上縫份邊緣，加上防綻的定位縫（邊緣縫線）。

準備約 400 號的砂紙。

在牛仔褲的褲襠位置做出貓鬚。在門襟下方附近抓出細褶。

用砂紙磨擦，刷去牛仔布料表面的顏色。

從門襟下方附近做出幾條放射狀的貓鬚。

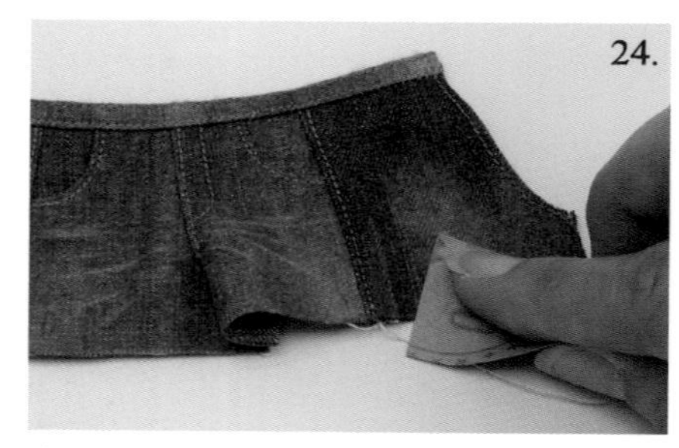

參考刷破牛仔褲樣式，用砂紙磨擦表面，做出喜歡的仿舊感。

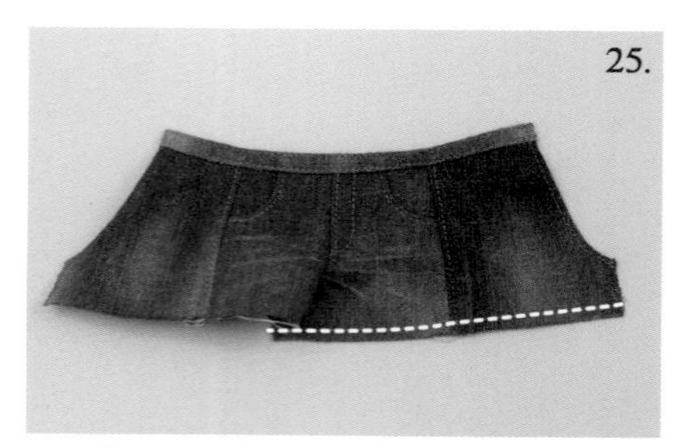

在距離褲襬剪裁處約 3mm 左右的位置加上縫線。

在其上約 1mm 的位置再加上一條縫線。

用錐針等工具拉出褲襬緯線，做出線頭。

做出一定程度的綻鬚後，剪掉多餘的緯線。

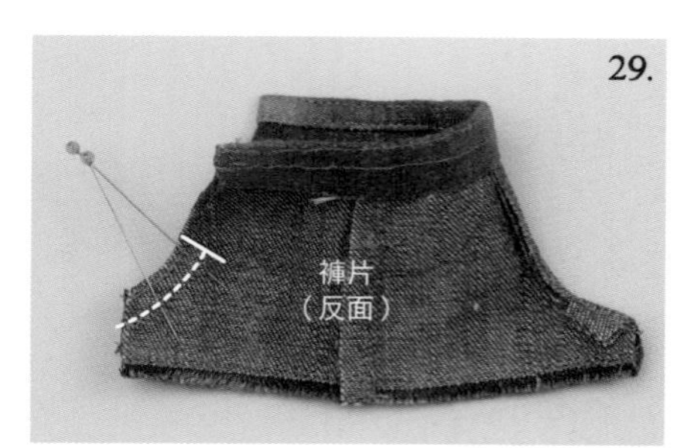

正面對摺，將後股上縫合至開口止點。

將後開口縫份往左側倒，縫合左右股下。

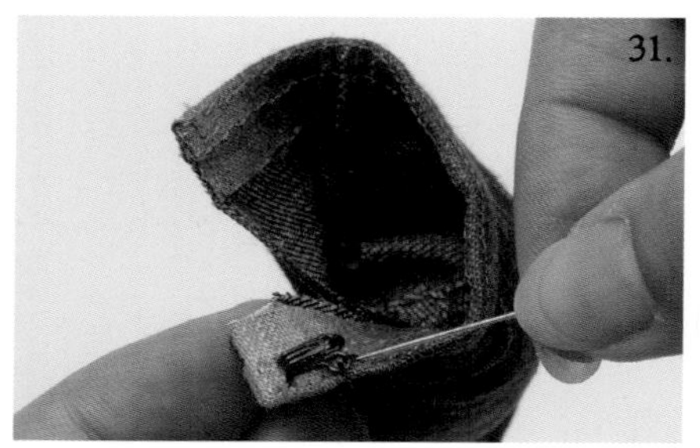

將風紀扣縫在右後褲片反面。

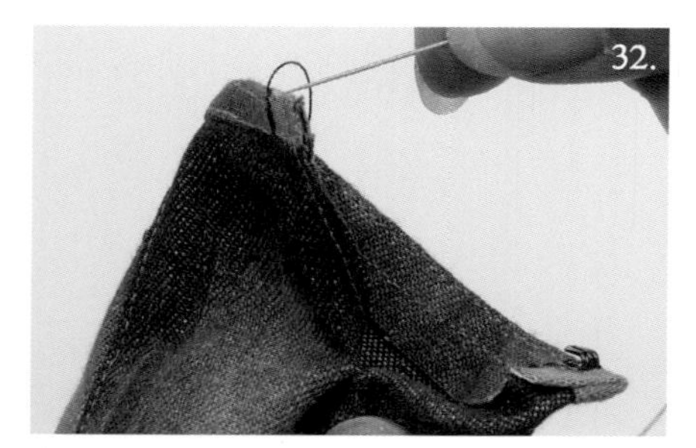

在左後褲片正面縫上繩扣。

短褲完成。

使用和罩衫一樣的布料，
做成有蝴蝶結的髮帶是不是很漂亮？
將蝴蝶結斜斜縫上也很可愛。

Material [長×寬]

□方格紋棉布：17cm×5cm
□ 4cord 鬆緊帶：5cm

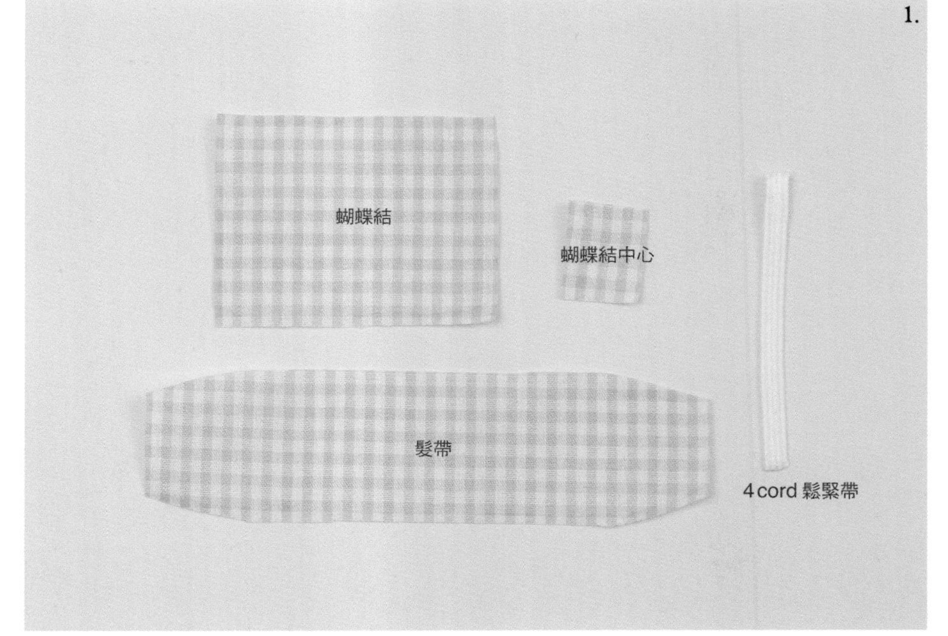

依照紙型裁剪各個部件，並且經過防綻處理。

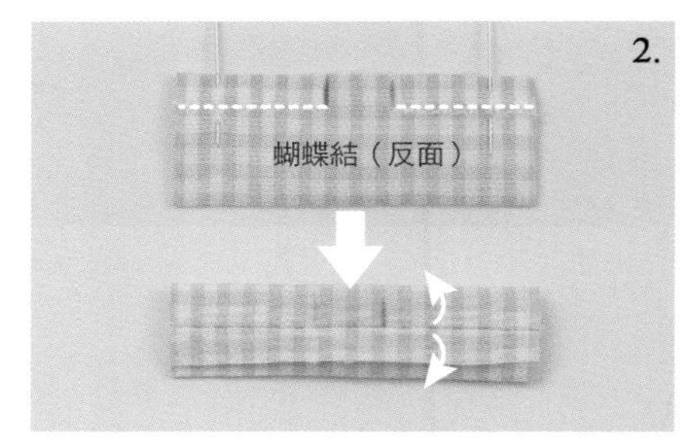

蝴蝶結部件正面對摺，預留返口縫合。將接縫處調整至中心，用熨斗燙開縫份。

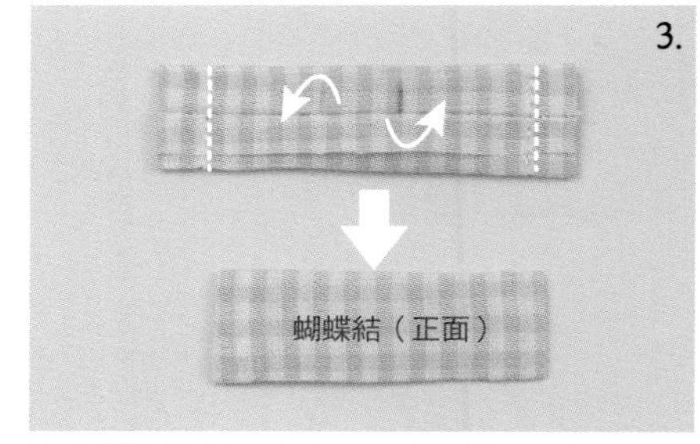

縫合蝴蝶結部件左右邊，用返裡鉗等工具翻回正面，用熨斗整燙。

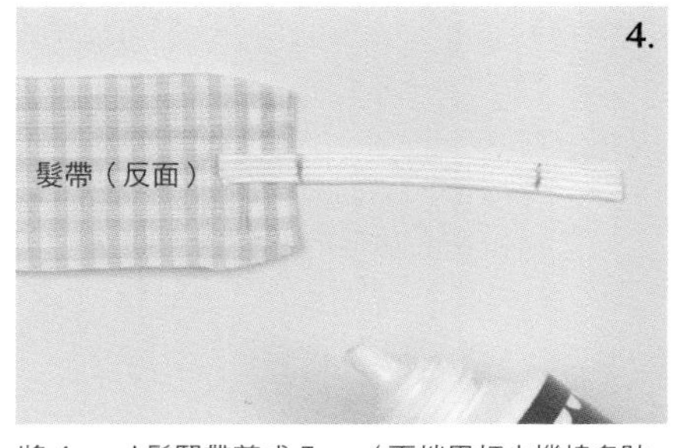

將 4cord 鬆緊帶剪成 5cm（兩端用打火機燒炙防綻），在距離邊緣 1cm 位置標註記號，將鬆緊帶放在髮帶部件的一邊。

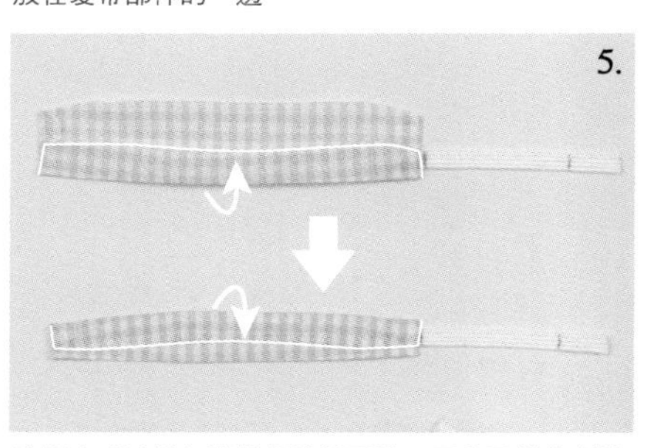

依照完成線摺起髮帶部件的兩端，用布用接著劑黏合。

6.

依照完成線摺蝴蝶結中心，用布用接著劑黏合。

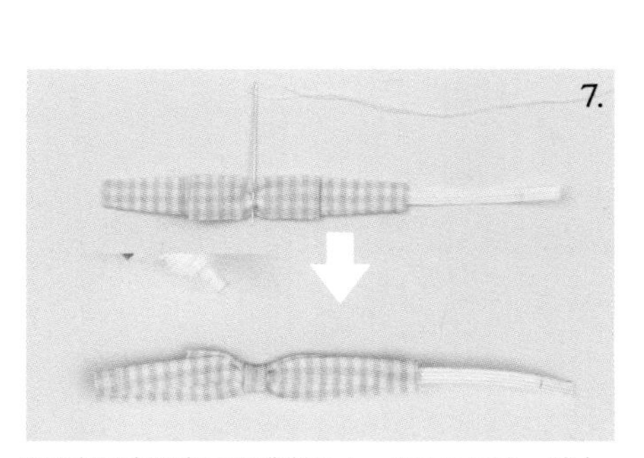

將蝴蝶結部件放在髮帶部件上，將中心縫合，捲上蝴蝶結中心，並且用接著劑固定。

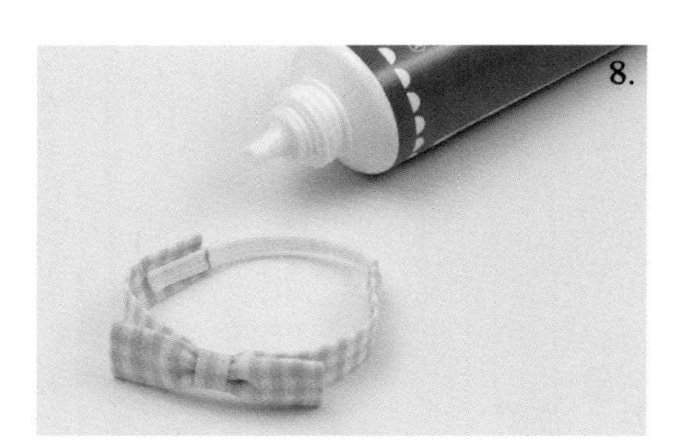

鬆緊帶的另一端放在髮帶反面，用接著劑黏合。

在髮帶和鬆緊帶邊端加上縫線，髮帶完成。

尾櫃制服計畫

関谷宥變身計畫

By michiru（BABY-DO）

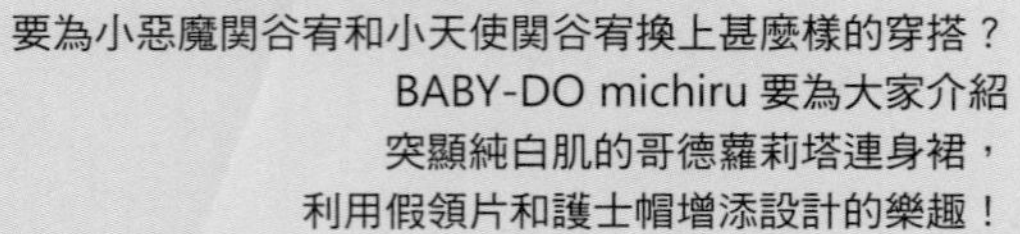

要為小惡魔関谷宥和小天使関谷宥換上甚麼樣的穿搭？
BABY-DO michiru 要為大家介紹
突顯純白肌的哥德蘿莉塔連身裙，
利用假領片和護士帽增添設計的樂趣！

全新款連身裙，有衣袖的款式卻非常好縫製。
利用假領片增添設計的樂趣！

Material [長×寬]

- □黑色細棉布：40cm×25cm
- □白色細棉布：50cm×15cm
- □柔軟薄紗：30cm×15cm
- □衣領用 7mm 白色蕾絲：7cm
- □假衣領用 6mm 白色蕾絲：12cm×2 條
- □ 3mm 圓珠：5 顆
- □裙襬用 2mm 紫色緞帶：50cm
- □裙襬用 10mm 黑色梯狀蕾絲：40cm
- □裙襬用 25mm 白色荷葉邊蕾絲：40cm
- □棉質刺繡圖紋蕾絲：適量

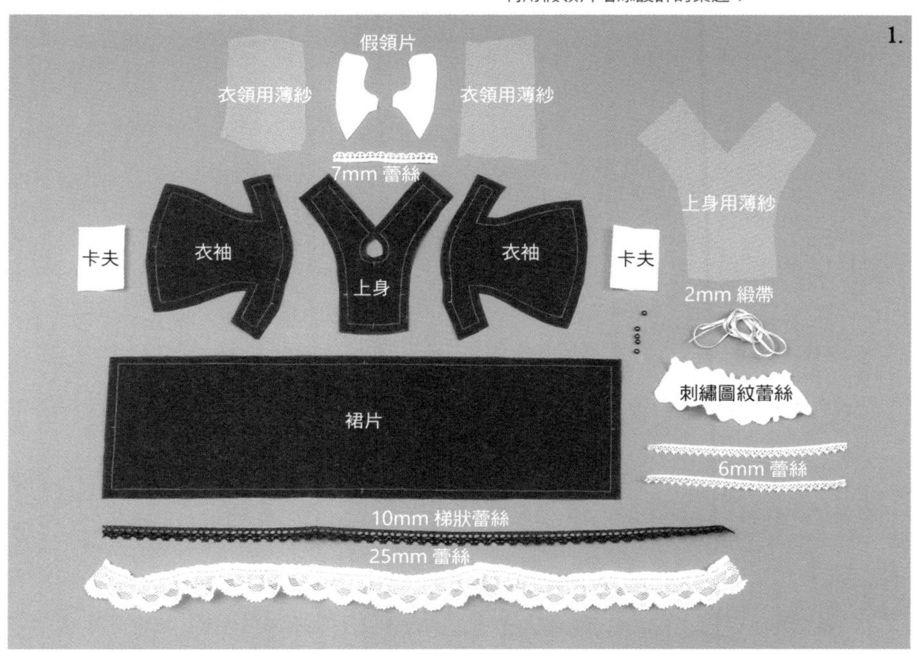

依照紙型裁剪各個部件，並且經過防綻處理。

在卡夫部件反面黏上熱接著膠帶或布襯。

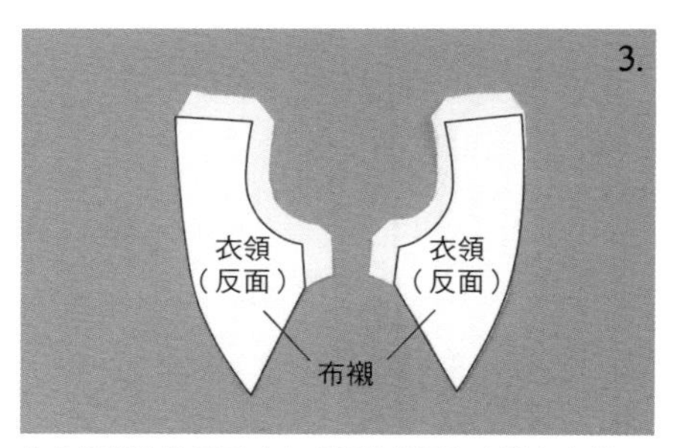

在衣領部件的反面（完成線的範圍）也黏上布襯。

在衣袖部件上下的抽褶位置加上碎褶用的縫線。在完成線兩側平行縫上 2 條線，或在縫份處縫上 2 條線（就會看不出縫線痕跡）。

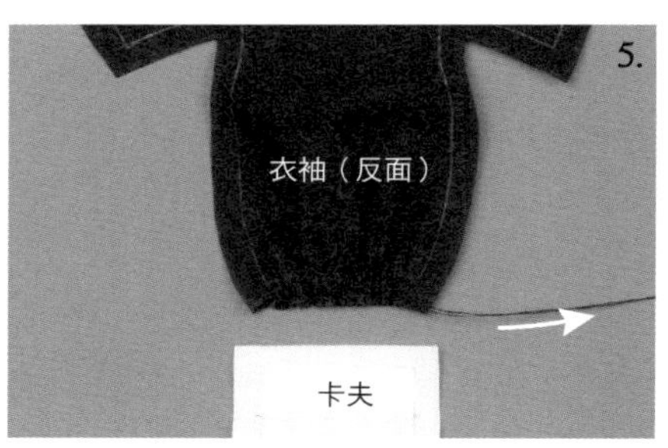

收緊袖口碎褶用的縫線，依照卡夫寬度收緊碎褶。

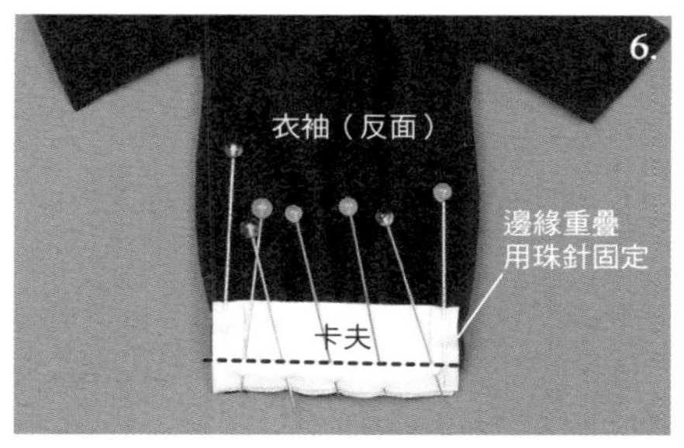

卡夫正面向外對摺，放在袖口用珠針固定。衣袖和卡夫兩側線條重疊固定就不容易歪斜。

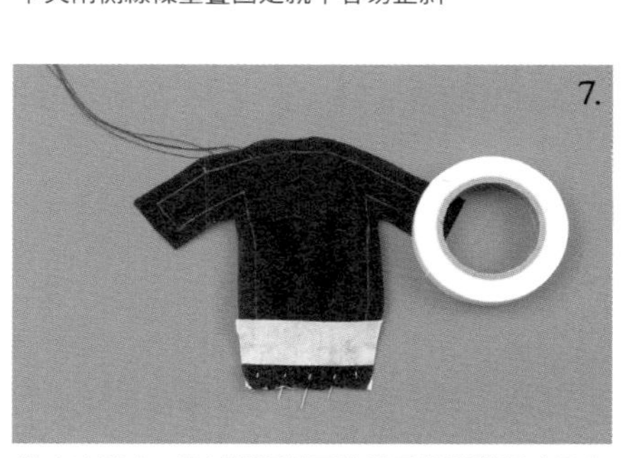

縫合碎褶時，將皺褶調整平均後用紙膠帶暫時固定反面，就可以做得很漂亮。

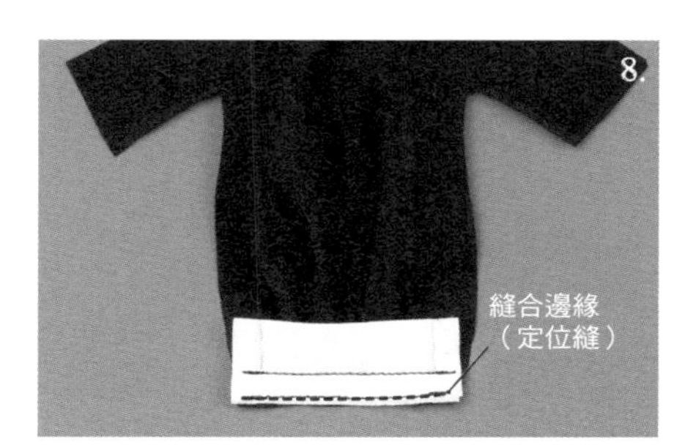

在卡夫的縫份邊緣加上定位縫，先將縫份收整好。

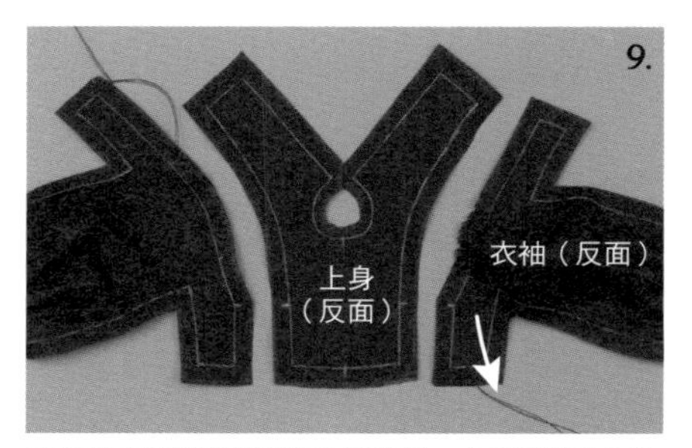

收緊袖山碎褶用的縫線抽出碎褶，衣袖部件和上身長度要對齊。

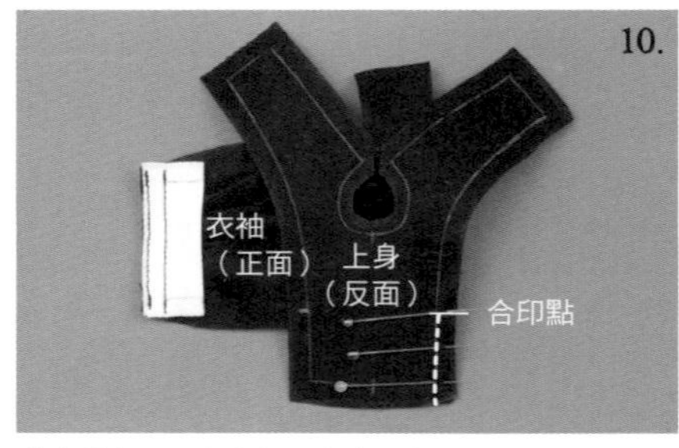

將衣袖部件和上身的前上身從衣襬縫合至合印點。

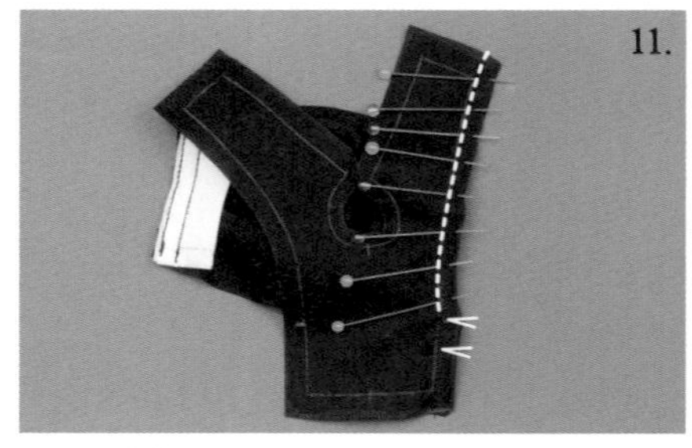

在合印點位置的縫份剪出牙口，縫合衣袖和上身的剩餘部分（後上身～肩線）。

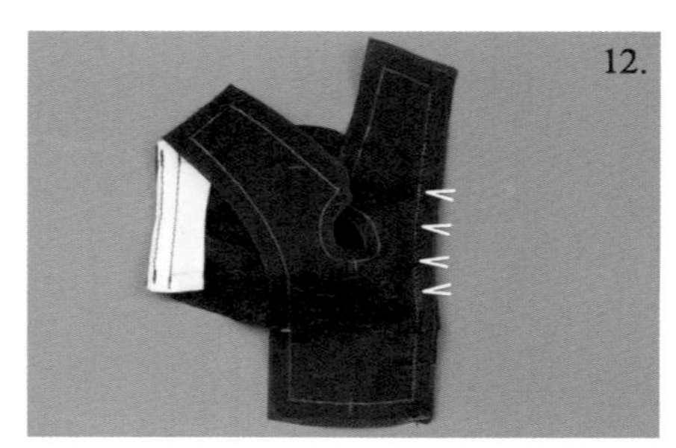

在縫份弧線剪出牙口。

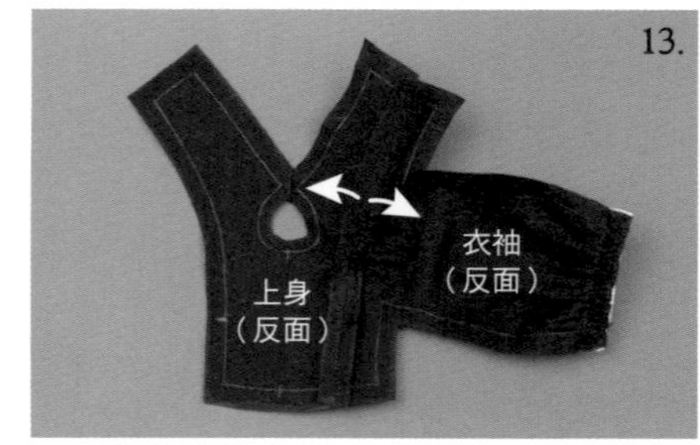

用熨斗燙開縫份。

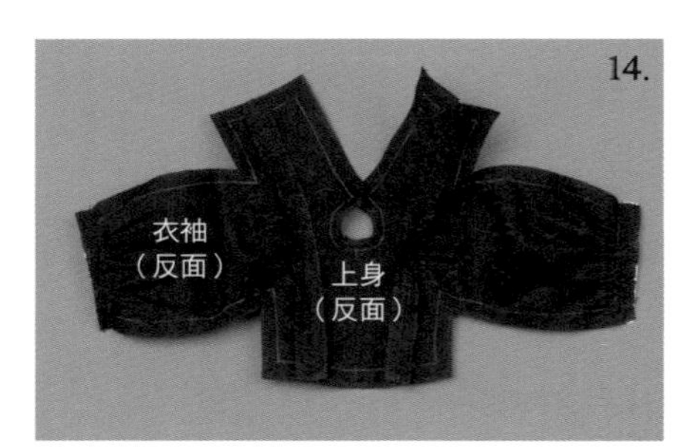

另一邊的衣袖也用相同方法縫合。

上身和薄紗正面相對重疊縫合領圍。

沿著領圍裁剪薄紗，縫份剪出細小牙口。

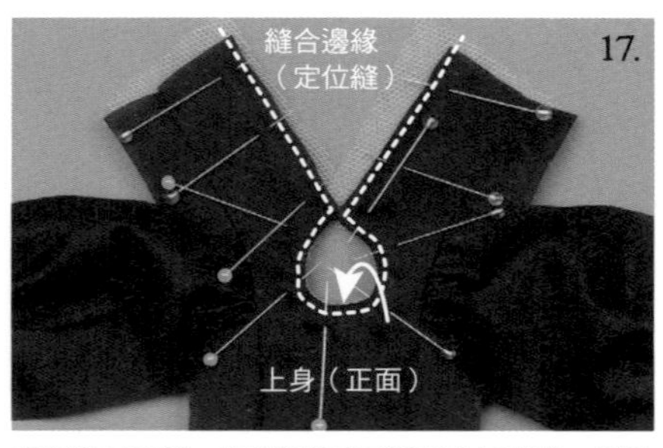

薄紗往反面摺，在領圍依完成線加上壓縫線，後開口在縫份邊緣加上定位縫。

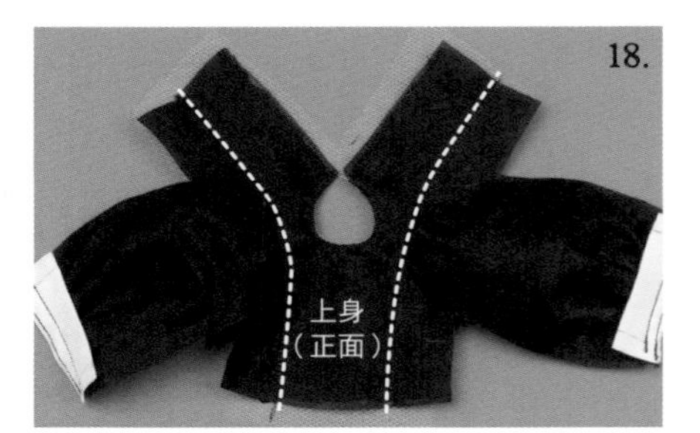

衣袖和上身縫合處，在上身側加上壓縫線。

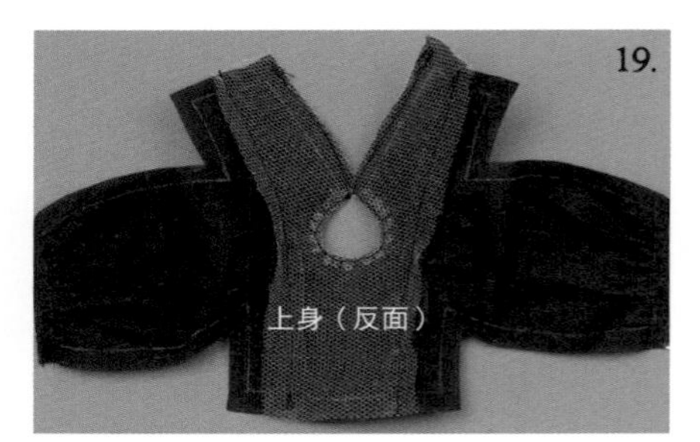

剪掉超出壓縫線的多餘薄紗。

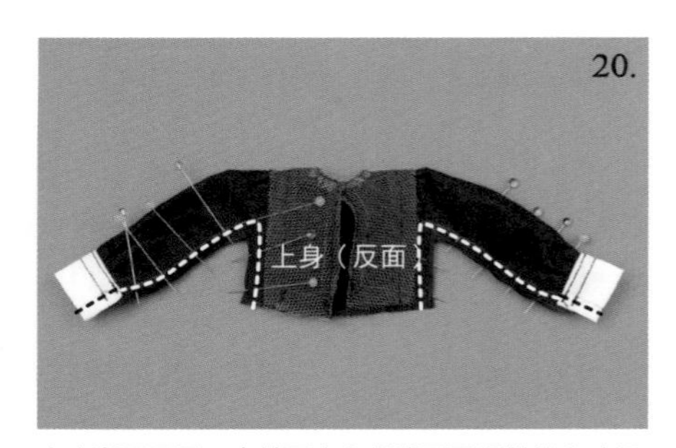

卡夫翻回正面，衣袖下方和側邊正面相對縫合（只有卡夫用白線手縫）。

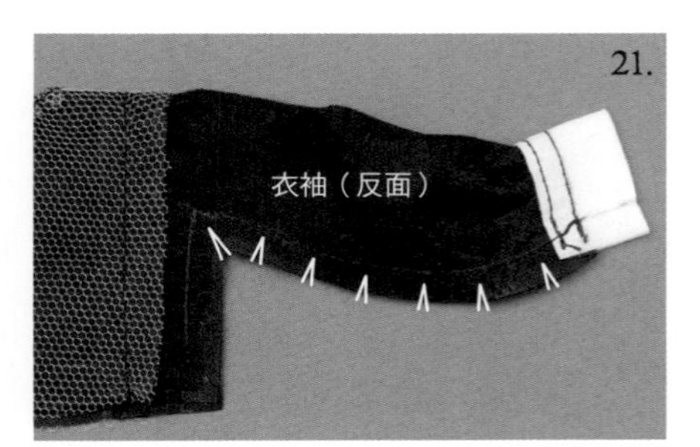

在縫份剪出牙口。

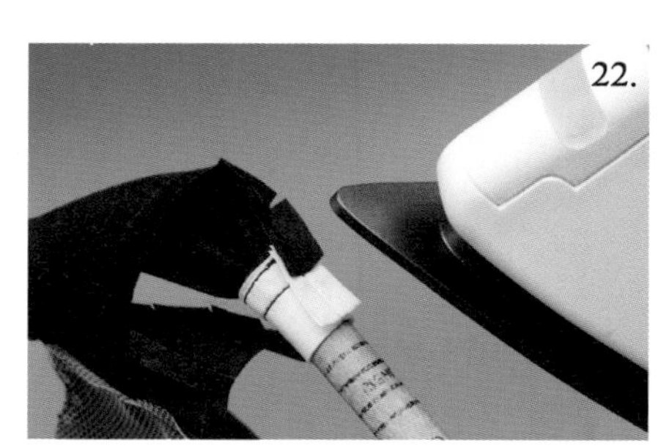

打開袖口縫份，墊著原木棒（筆桿等直徑約 1cm 以內）用熨斗壓燙。

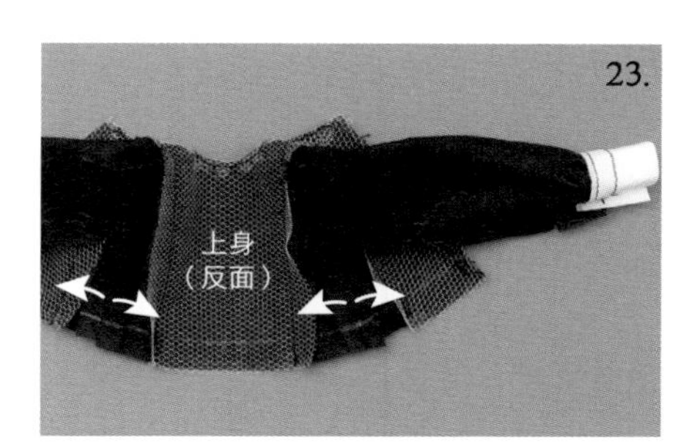

上身縫份也用熨斗燙開。

依照完成線摺起裙襬並縫線。

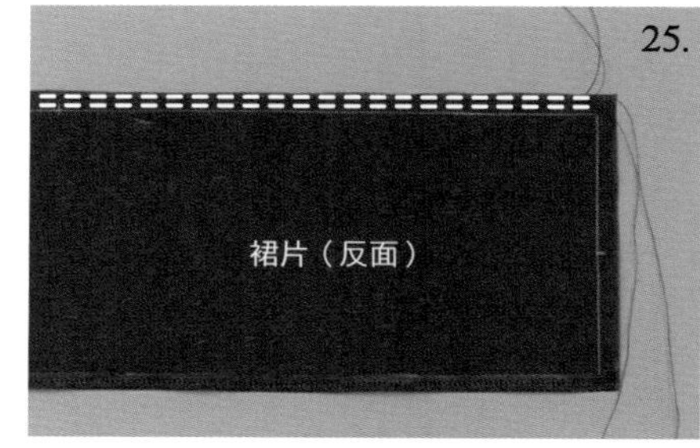

在裙片腰圍縫份縫上 2 條碎褶用縫線。

在裙襬正面放上 25mm 蕾絲，再以珠針固定至側邊。

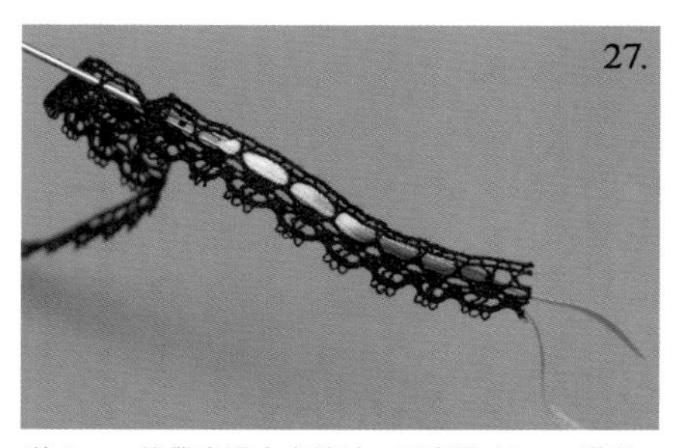

將 2mm 緞帶穿過十字繡針，再穿過 10mm 蕾絲的梯狀孔洞，兩條緞帶彼此交錯纏繞。

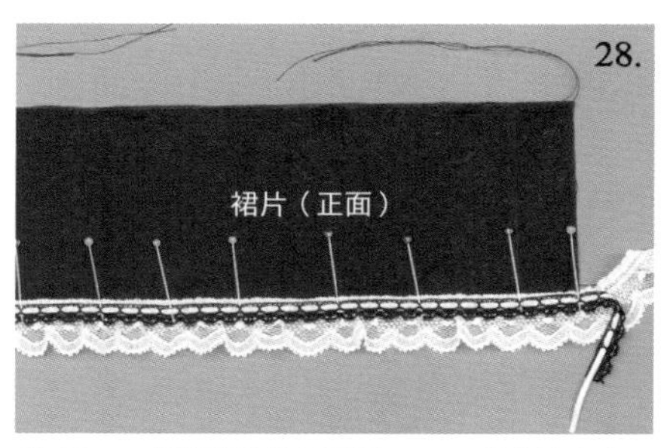

將 10mm 梯狀蕾絲放在裙襬 25mm 的蕾絲上方，以珠針固定至側邊。

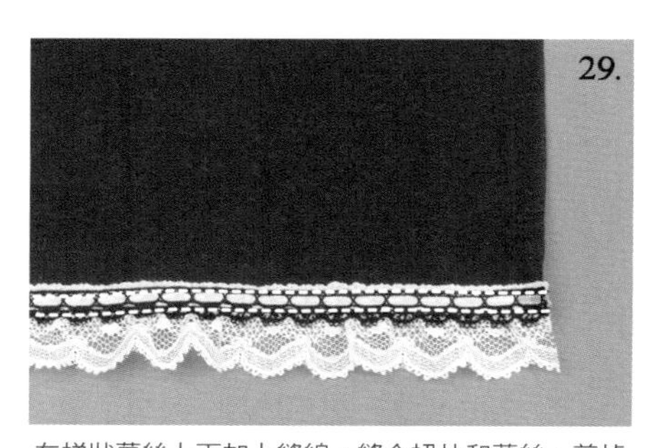

在梯狀蕾絲上下加上縫線，縫合裙片和蕾絲，剪掉多餘的蕾絲，塗上防綻液。

收緊裙片碎褶線，配合上身腰寬收緊碎褶。

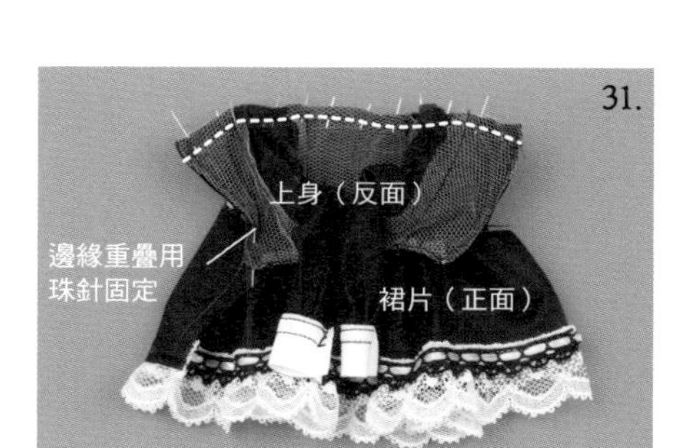

裙片和上身正面相對縫合。並將上身和裙片的後開口線條重疊固定，避免歪斜。

縫份往上身倒。

在上身加上壓縫線。

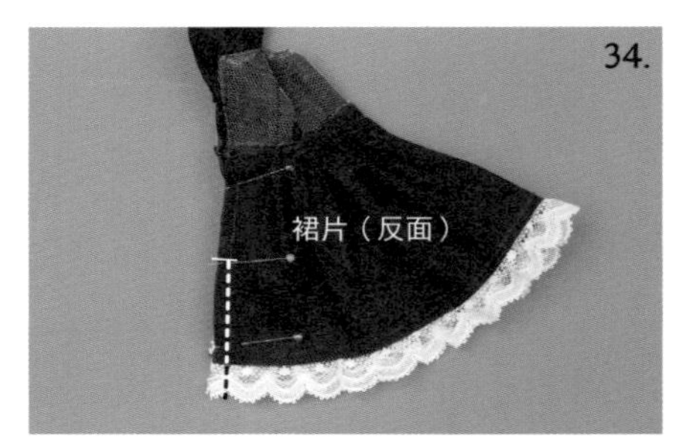

裙片正面相對，從裙襬縫合至開口止點（裙襬只有蕾絲部分用白線手縫）。

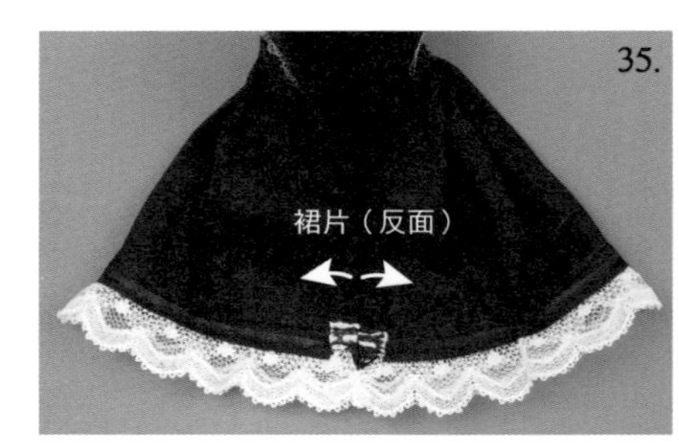

打開縫份，在不顯眼處加上小小的縫線。

翻回正面，依完成線摺出後開口的右上身。在領圍和腰圍的縫線上重疊加上縫線固定。

依完成線也摺出後開口的左上身，縫上 3mm 圓珠固定。

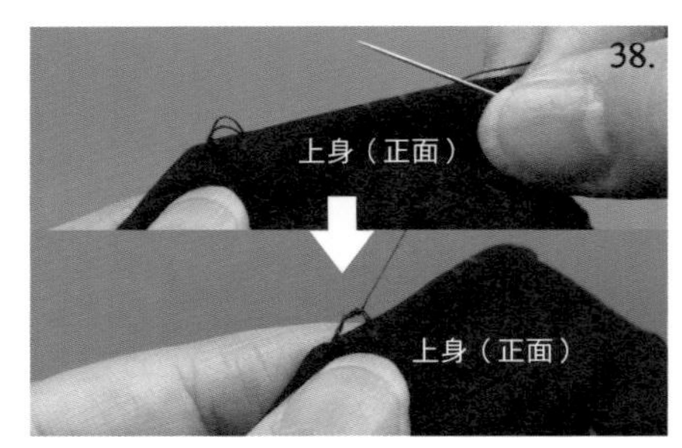

在右後上身縫上繩扣。做出大約 4mm 寬的雙繩圈以便穿過 3mm 圓珠，用縫線穿繞 3 ～ 4 圈。

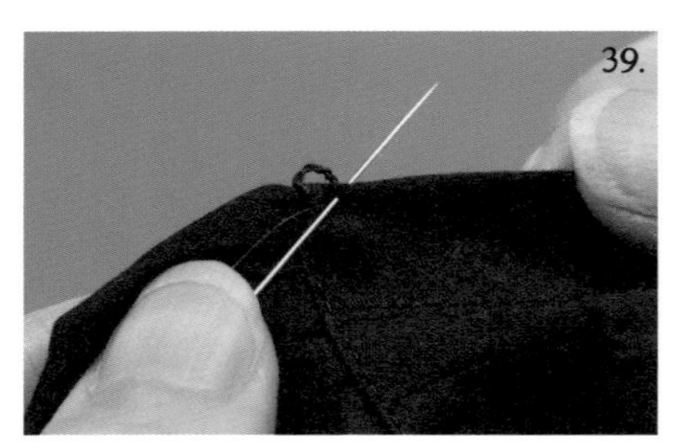

在布的邊緣縫 2 圈後打結。

繩扣完成。

在前上身中心標註記號，縫上 3mm 圓珠。

也可以依喜好用邊縫在領圍加上蕾絲。

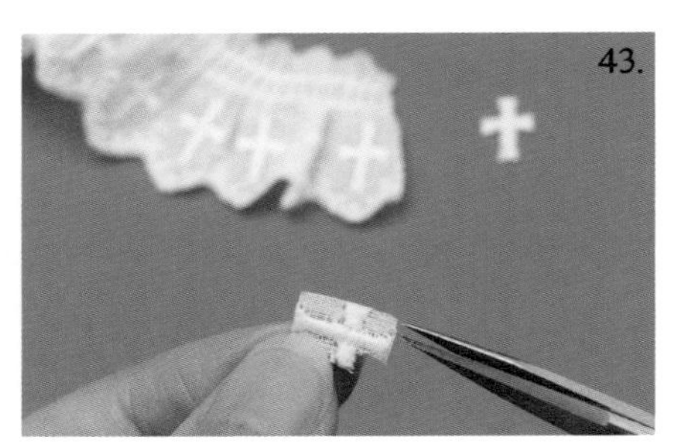

依喜好加上裝飾。從棉質刺繡圖紋蕾絲剪下刺繡圖紋。

用布用接著劑黏上。

連身裙完成。

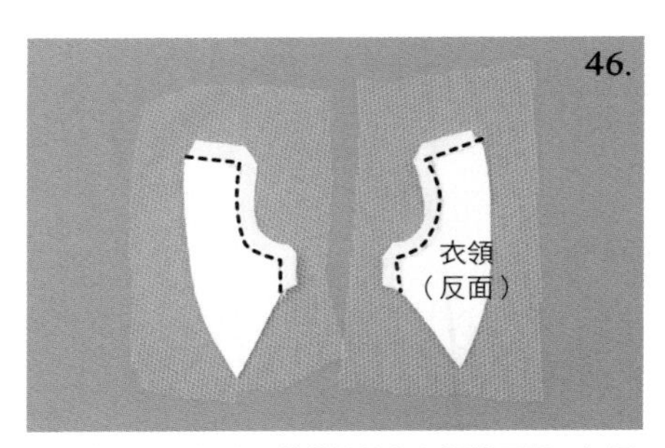

接下來製作假領片。將薄紗放在假領片正面，在領圍～後面的完成線上縫線。

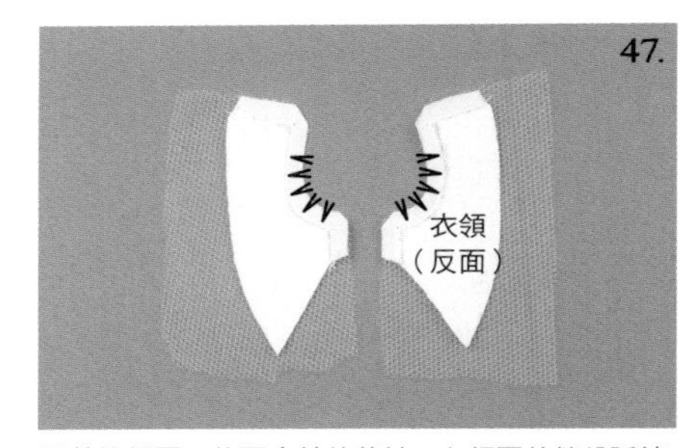

只剪掉領圍～後面多餘的薄紗，在領圍的縫份弧線剪出牙口。

縫份往後面倒。

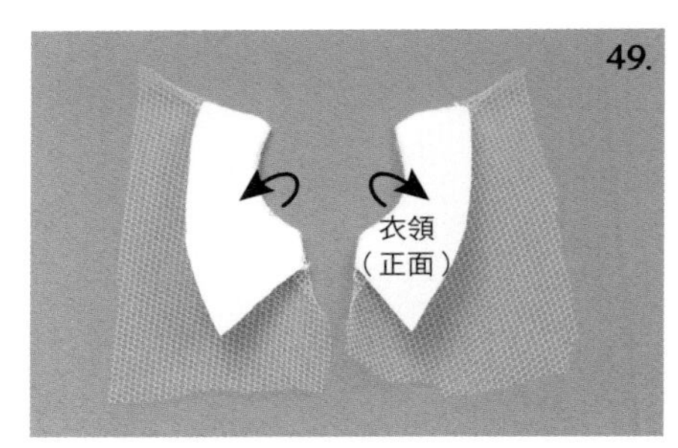

衣領翻回正面。

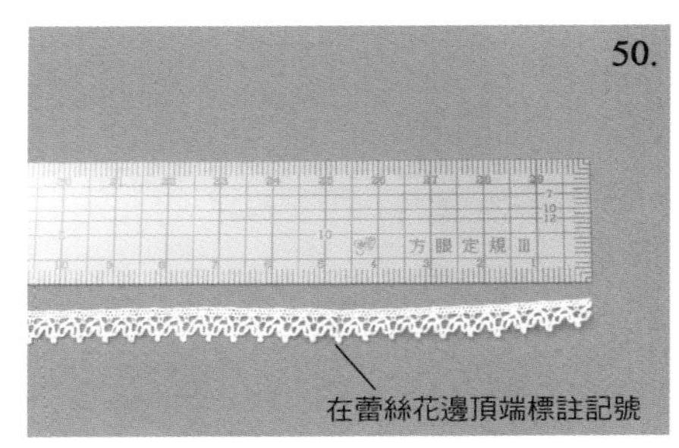

衣領用 7mm 蕾絲剪成 12cm，在距離邊緣 4.5～5cm 位置的花邊頂端標註記號。

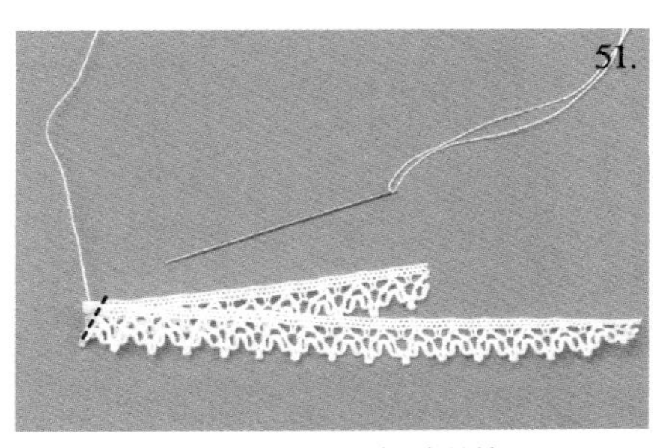

依照標註記號位置摺蕾絲，斜縫上縫線。

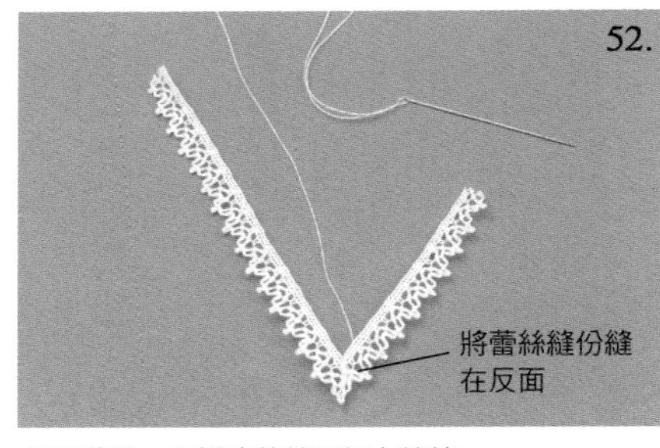

打開蕾絲，在摺痕的縫份加上縫線。

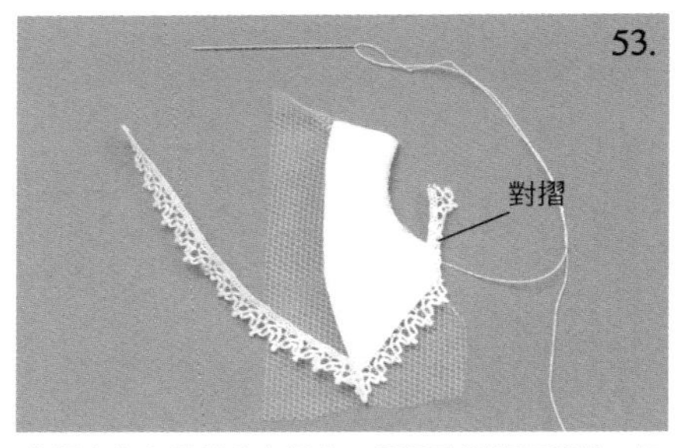

衣領尖角和蕾絲尖角對齊，用迴針縫連同薄紗一起縫合。蕾絲在衣領前中心位置對摺縫合。

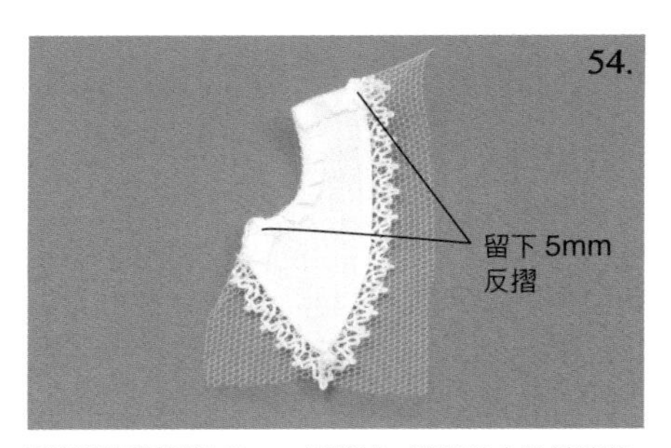

蕾絲邊緣預留約 5mm 後剪掉，邊緣塗上防綻液後反摺縫固定。

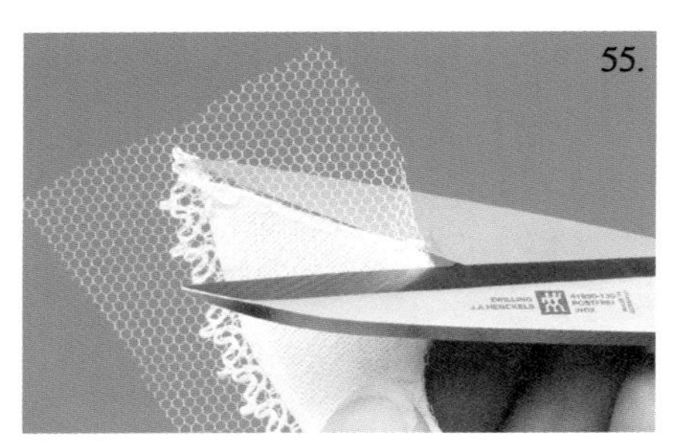

剪掉超出衣領的薄紗。

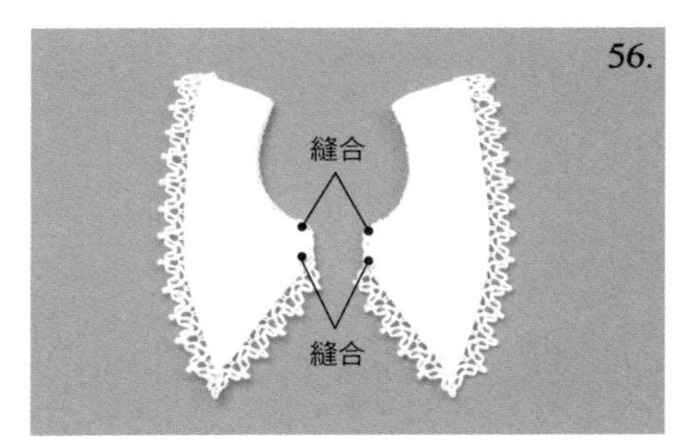

在左右衣領前中心上下標註記號後縫合。

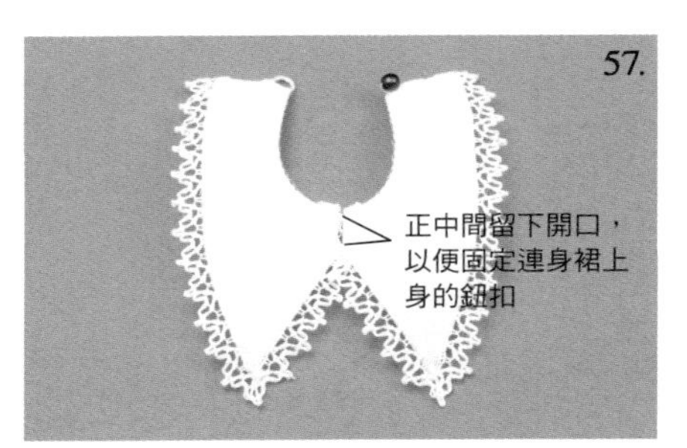

衣領後面縫上 3mm 圓珠和繩扣，假領片完成。

Dress Hat & Socks

利用羊毛氈製作出貝蕾帽和護士風配飾吧！

Material [長×寬]

- □羊毛氈：10cm×10cm
- □ 9mm 緞帶：4cm
- □ U 型針：1 根
- □棉質刺繡圖紋蕾絲：適量
- □彈性薄紗：12cm×12cm
- □ 8mm 彈性蕾絲：12cm

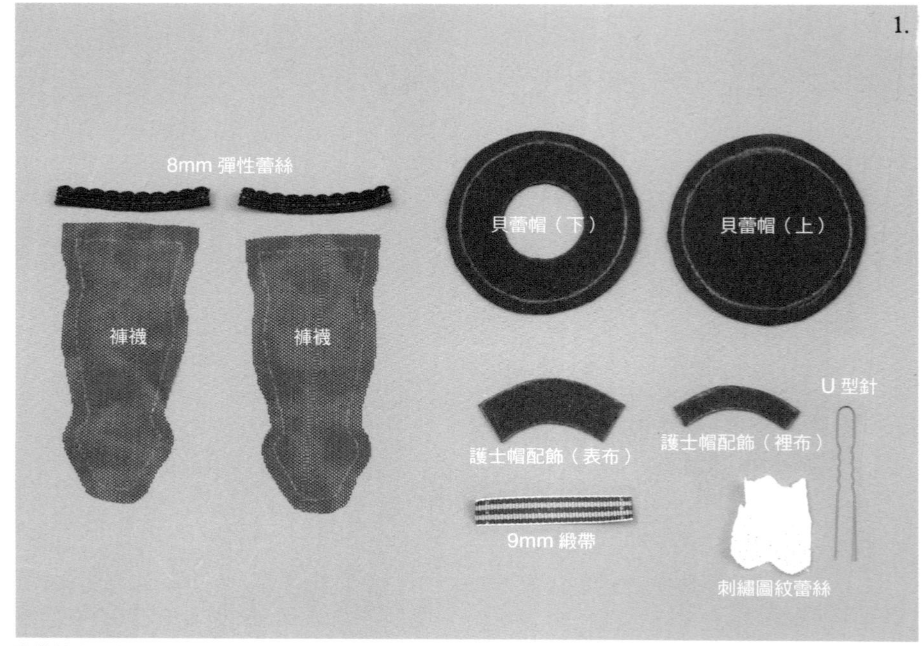

準備材料，依照紙型裁剪。

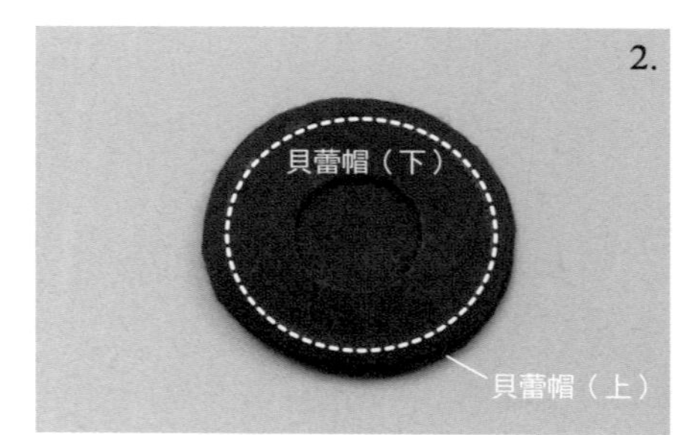

〈貝蕾帽〉貝蕾帽上下正面相對縫合。

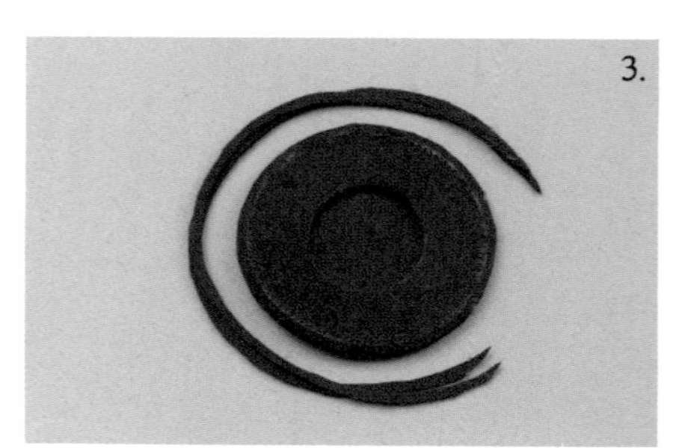

留下 2mm 縫份後剪掉多餘部分。

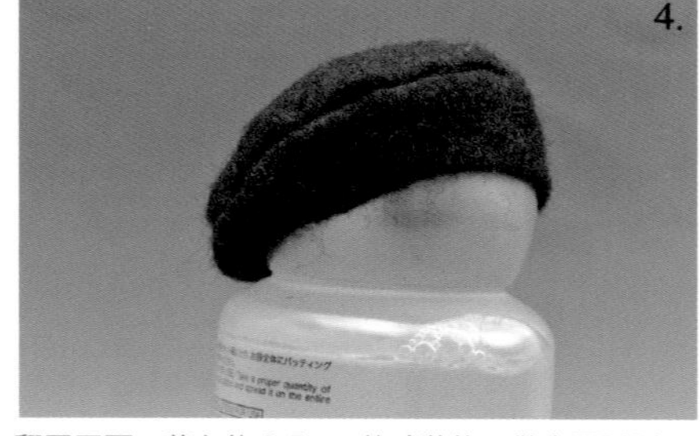

翻回正面，蓋在約 3.5cm 的球狀物，做出圓弧型，貝蕾帽完成。

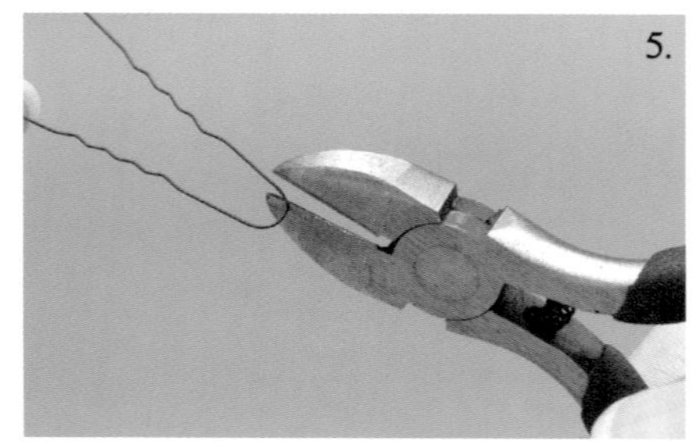

〈護士配飾組件〉用斜口鉗將 U 型針剪成兩段。

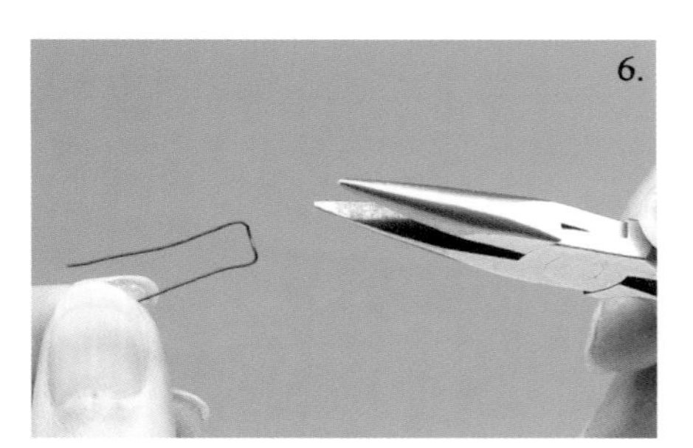

用尖嘴鉗折彎成約 5mm 寬的ㄈ字型。

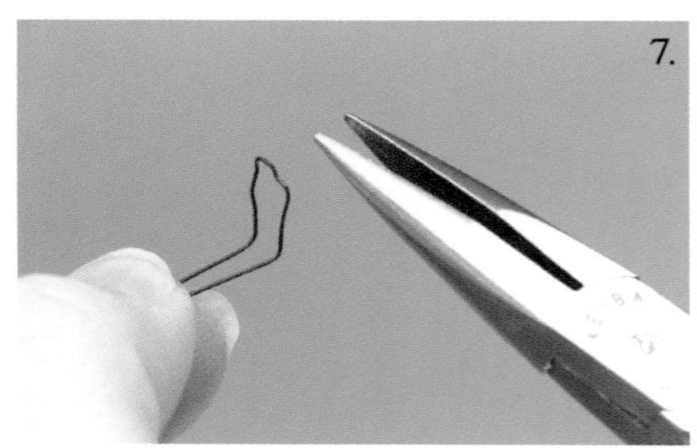

將ㄈ字型打橫，再折成 L 型。

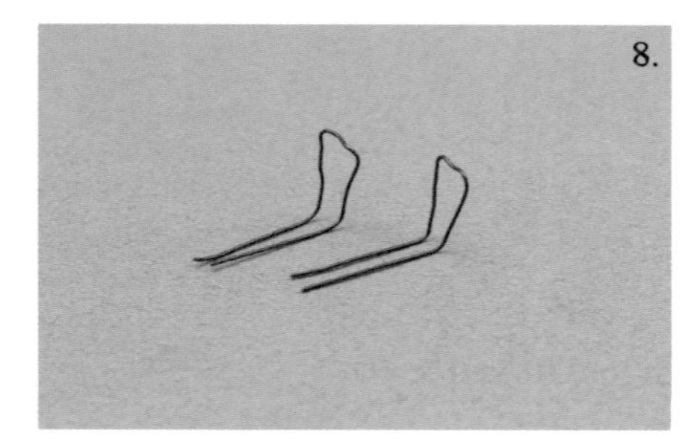

用相同方法再製作出另外一根。

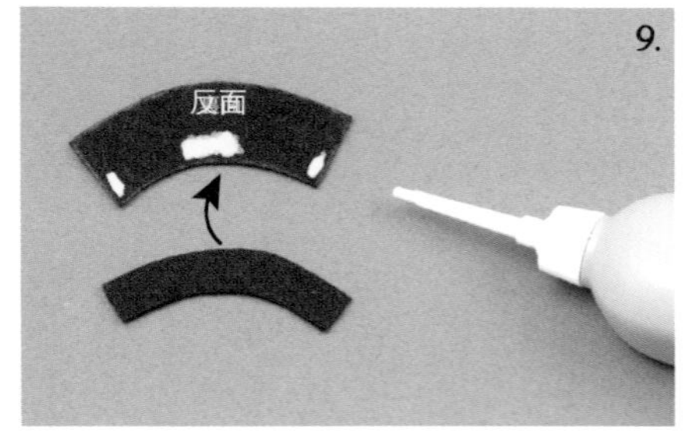

在護士帽配飾（表布）的反面塗上布用接著劑，與護士帽配飾（裡布）黏合。

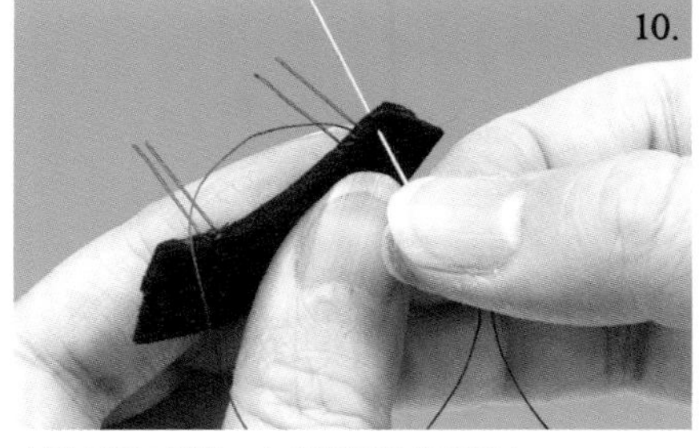

中間夾著匚型針，在不醒目的位置縫合。

確認匚型針不會鬆脫後調整角度。

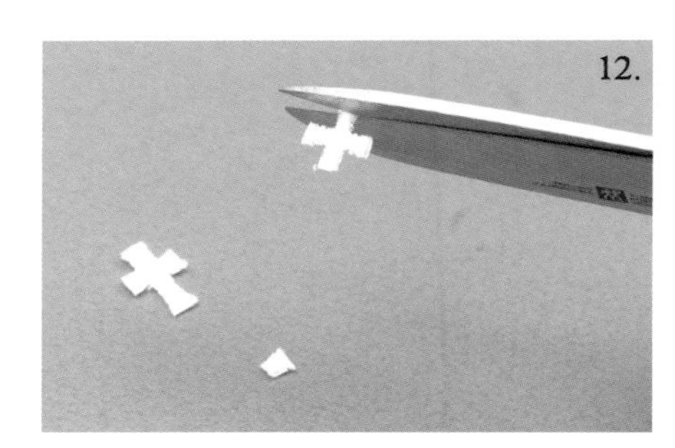

從十字架刺繡棉質蕾絲剪下刺繡部分，再修剪成喜歡的大小形狀。

用布用接著劑黏貼。

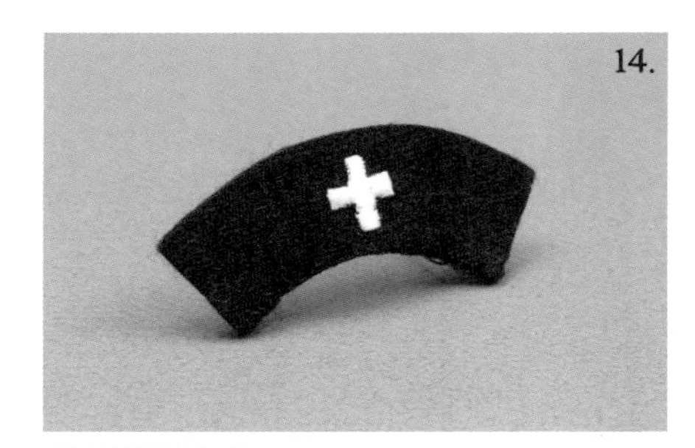

護士帽配飾完成。

準備 4cm 的 9mm 緞帶，在距離邊緣 5mm 處標註記號。

正面對摺，在記號位置縫合。

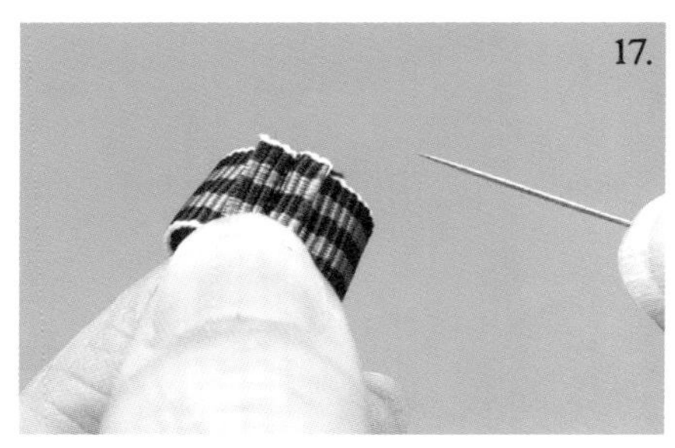

打開縫份並且縫線固定。

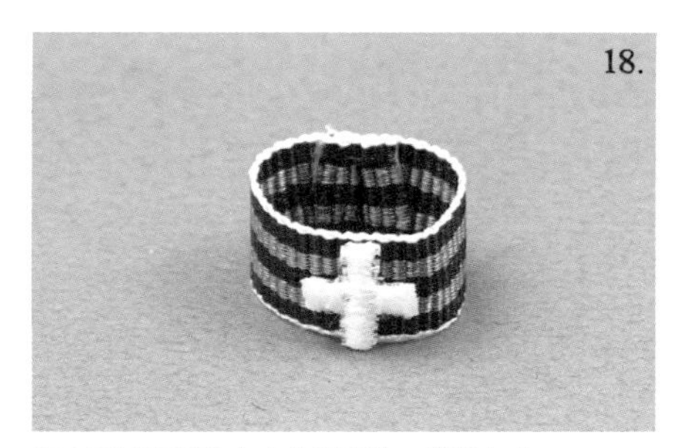

用布用接著劑黏上十字架圖紋，臂章完成。

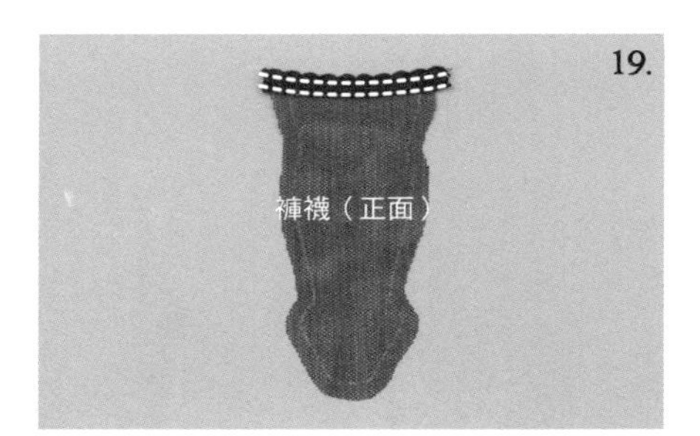

< 褲襪 > 將彈性蕾絲放在襪口縫份，在蕾絲上下縫線。

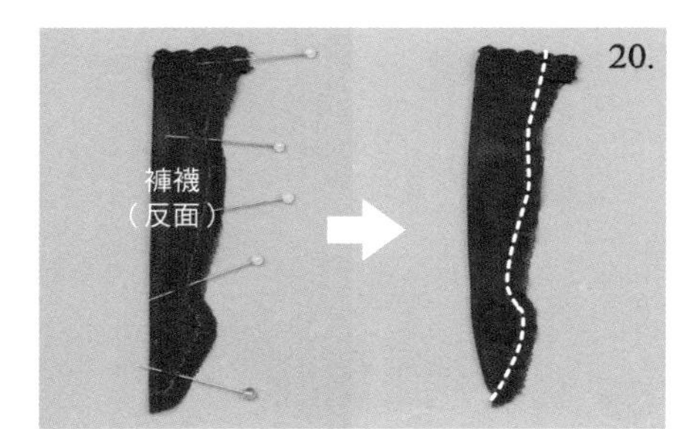

正面對摺縫合。

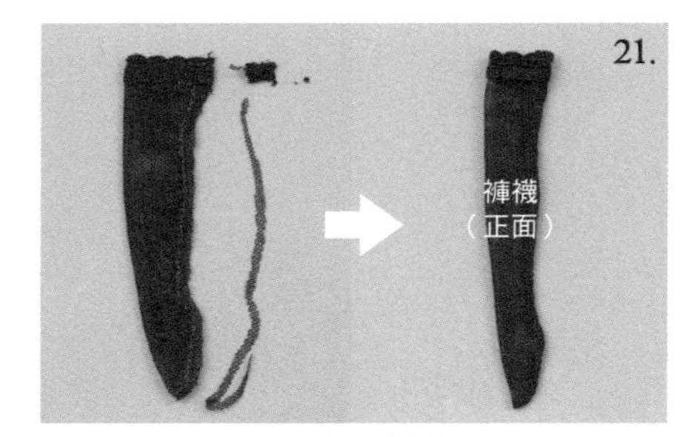

留下 2 ～ 3mm 縫份後剪掉多餘部分，並且翻回正面，褲襪完成。

Petticoat

想讓裙子穿起來有蓬圓的效果，襯裙絕不可少。
讓我們努力抽好碎褶吧！

Material [長×寬]

□ 60 支紗：45cm×12cm
□ 3 cord 鬆緊帶：15cm

1.

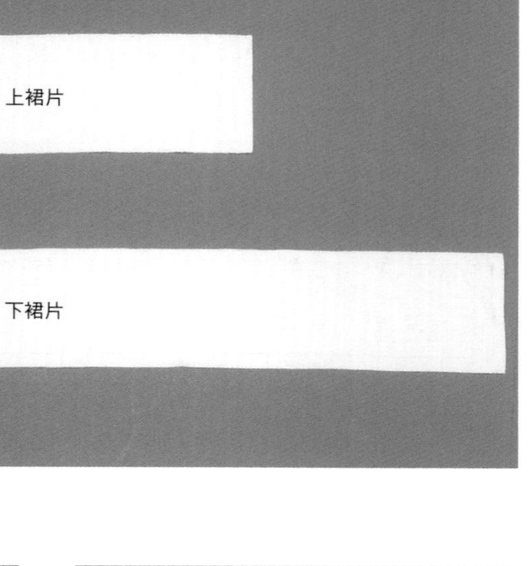

依照紙型裁剪，並且經過防綻處理。

2.

依照完成線摺出下裙片的裙襬並且縫線。在上側的縫份縫上 2 條碎褶用縫線。

3.

依照完成線摺出上裙片的腰圍縫份（1cm 寬），在縫份上下加上縫線。

4.

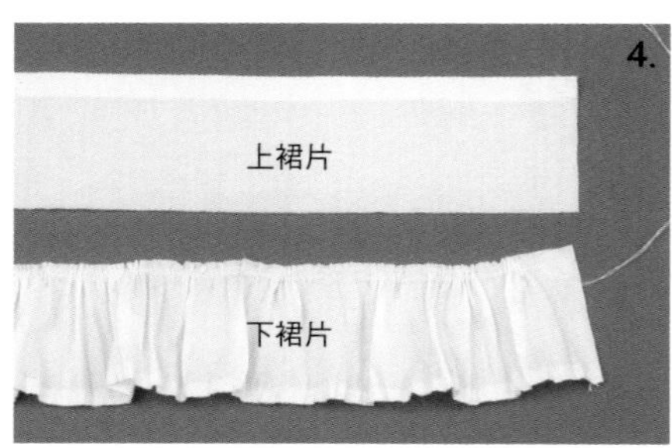

收緊下裙片碎褶用縫線，配合上裙片的寬度收緊碎褶。

5.

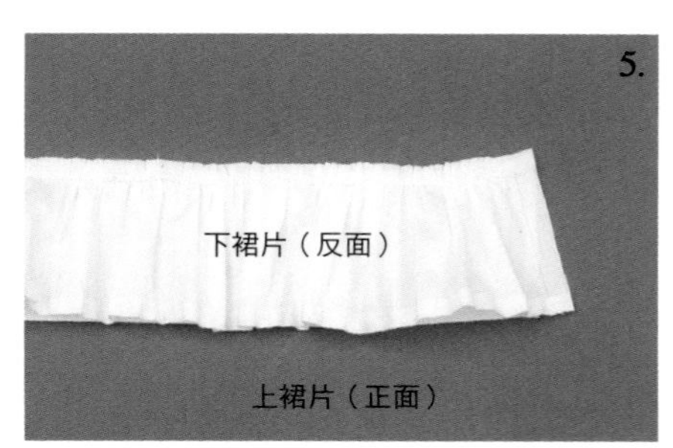

下裙片和上裙片正面相對縫合。

6.

縫份往上裙片倒，加上壓縫線。

7.

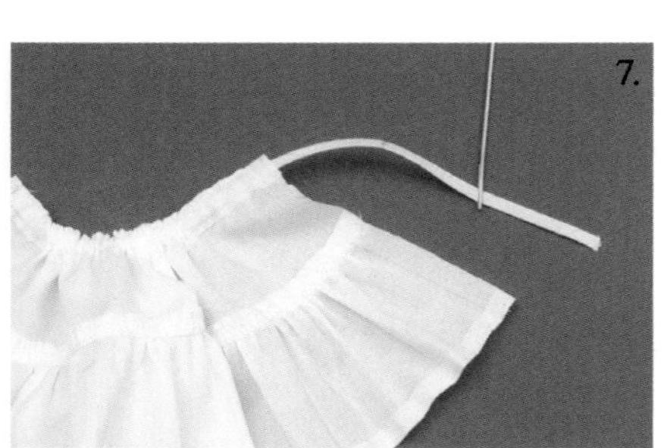
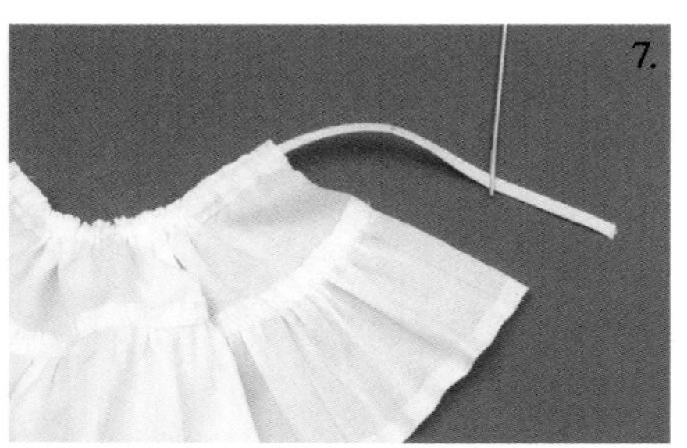

在 3cord 鬆緊帶分別標註出腰部寬 8cm 和縫份 5mm 的記號，利用十字繡針穿過腰部。

8.

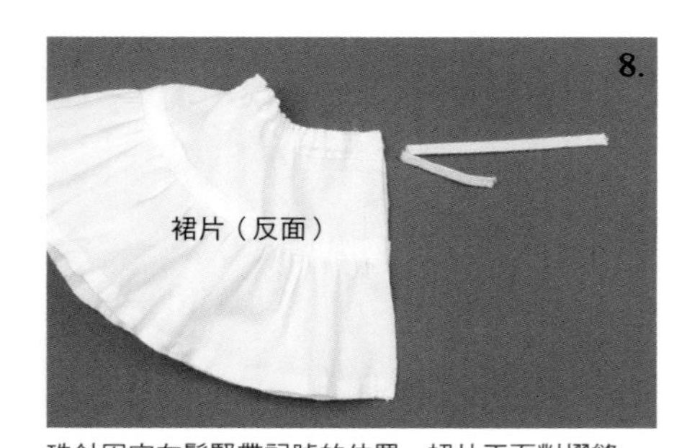

珠針固定在鬆緊帶記號的位置，裙片正面對摺縫合，剪掉多餘的鬆緊帶。

9.

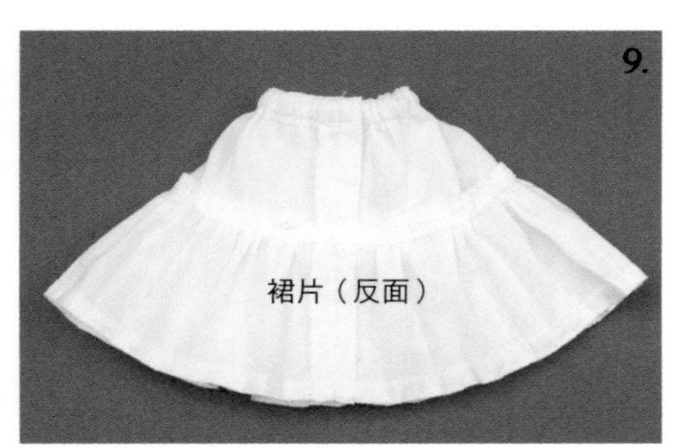

打開縫份，在不醒目的位置加上小小的縫線。翻回正面，襯裙完成。

Dolly New Items

AZONE INTERNATIONAL

AZONE INTERNATIONAL 在 2019 年和尾櫃制服計畫聯名製作「閻魔愛」後，也陸續推出 1/6 尾櫃瞳娃眼型的角色娃娃。
其中由 DOLCHU 設計妝容的 1/6 雷姆備受注目!!
由於實在太可愛了，還製作了 HOBBY JAPAN 限定版。

1/6 pureneemo 角色系列
No. 128-HJ
『Re: 從零開始的異世界生活』

雷姆 HOBBY JAPAN 限定版

●價格／ 16,000 日圓（稅另計）
●販售廠商／ HOBBY JAPAN ●製造廠商／ AZONE INTERNATIONAL
●接單期間／ 2020 年 9 月 30 日～ 2020 年 11 月 10 日

請連結至「HOBBY JAPAN 線上商店」申購。
http://hobbyjapan-shop.com
第一次至線上商店購物者，請先註冊會員。

Price **16,000 日圓** +tax

申購截止日 **11 月 10 日（二）**
商品寄送日 **預定 2021 年 3 月～ 4 月**

●訂單量多時，可能會有延後寄送的情況。●寄送日確定後會以電子郵件通知。若地址變更，敬請至線上商店的我的頁面更改資料。

【商品洽詢】
●本商品相關洽詢敬請聯絡
株式會社 HOBBY JAPAN 通訊販賣部
電話：03-5304-9114（平日10:00～12:00、13:00～17:00）
電子郵件：shop@hobbyjapan.co.jp
●寄送狀況請連結此處確認
http://hobbyjapan.co.jp/item_notice/

HOBBY JAPAN 線上商店請連結此處。

電信郵件費用由顧客負擔。

【購物相關注意事項】
●適齡對象為 15 歲以上。●本商品寄送與服務僅限於日本國內。●原則上寄送地址請填寫申購本人可收件的地址。●電話號碼請填寫平日 10:00 ～ 17:00 之間可聯繫的號碼。●每人最多申購 2 個娃娃。●本商品需預先全額付款。●付款方式可選擇至便利商店預先支付或信用卡付款。●申購後若未收到確認郵件，郵件可能因為電子郵件服務供應商的設定移動至垃圾郵件資料夾，或是填寫的郵件地址有誤。若找不到郵件，請洽【商品洽詢】。●為了避免程序產生問題，請保存已收到的確認郵件直到收到商品。●超過申購截止日，不論任何原因，一律視為無效。即便顧客未能於截止日前申購，恕不受理本刊物的退貨。

【退換貨相關事宜】
●關於本刊的通訊販售相關洽詢請聯絡 HOBBY JAPAN。●若收到非訂購的商品或商品有破損，將以換貨的方式處理。詳細請查閱收件中的書面說明。●此為接單生產的商品，所以恕不接受不良品以外的退貨與訂單取消。●因為顧客本身的疏失導致下錯訂單，或是有關在製造上包括包裝在內的盒箱、搬運用的紙箱、緩衝物的替換而產生不可避免的損傷等判斷為不可退貨的商品，恕不接受退貨、取消訂單、換貨等處理。●換貨程序的受理期間為商品到貨後的 1 週內，所以到貨時請務必確認商品內容物。恕不接受超過受理期間的換貨要求。

詳細內容請參閱下一頁！

雷姆的化妝設計中惹人憐愛的表情特別引人注目，這是出自於娃娃創作者 DOLCHU 的表情提案。畫出角度絕妙的困惑雙眉，加上放鬆的小巧唇型。實在是可愛到不行（淚）。千呼萬喚希望推出 HOBBY JAPAN 限定版！這次終於決定製作成商品。

HCBBY JAPAN 限定訂購

『Re:從零開始的異世界生活』

雷姆

由 DOLCHU 設計妝容的雷姆，
不僅僅是角色還原度，還充分展現了娃娃本身的可愛氣息。
好操作的植髮頭蓋，搭配絕對受人喜愛的女僕穿著，
這才稱得上是最終成品的品質表現！

▲瀏海裡藏有靈動的尾櫃瞳娃眼……，可愛得令人屏息。

◀從 9 月 30 日開始也可在 AZONE 門市和線上商店購買普通販售版。

◀綴有蝴蝶結和白線裝飾的背部造型。背影也令人愛不釋手。

▲由関口妙子小姐負責製作的女僕裝，透過 1/6 尺寸展現了難以想像的精緻度，上面有蝴蝶結和荷葉邊等充滿各種細膩的手作設計。

▲ AZONE 販售的普通版為靜靜微笑的表情。請大家選購自己喜愛的雷姆。

◀雷姆的素體為身高 26cm 的 pureneemo M（EMOTION 2），膚色規格為可和藍色髮色相互映襯的白肌。

1/6 pureneemo 角色系列
No. 128 ／ No. 128-HJ
『Re: 從零開始的異世界生活』
雷姆（普通版／ HOBBY JAPAN 限定版）
●各 16,000 日圓（普通版／ HOBBY JAPAN 限定版）
● 2020 年 9 月 30 日開始預訂、預計 2021 年 3 月發售
● 1/6、身高約 26cm ●附 pureneemo EMOTION M+ 軟乙烯基製娃頭（裝有 10mm 尾櫃瞳）、植髮頭蓋、女僕裝一套、一雙橫帶鞋
※ 照片為樣品，可能與實際商品有所不同。

來自電視動畫『鬼滅之刃』

竈門禰豆子參見！

全身可動的禰豆子娃娃，
漸層假髮搭配尾櫃瞳娃眼，
1/6 娃娃的精緻度超乎想像！
因為是娃娃商品，還可享受穿搭樂趣，
口中咬住的竹子銜枚可拆下，這點也令人開心。

▶以 1/6 尺寸重現的和服，羽織脫去還可綁成和服腰帶的太鼓結，設計得如此精緻巧妙。

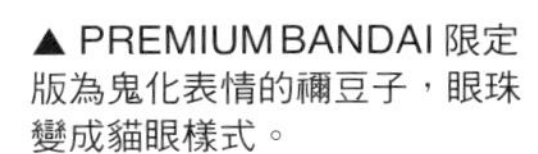

▲ PREMIUM BANDAI 限定版為鬼化表情的禰豆子，眼珠變成貓眼樣式。

▲由 NANAMIZYUNKO 負責化妝，拆下竹子銜枚……呆萌的表情實在太可愛♡

▲假髮的髮尾有紅色漸層，令人好奇是怎麼設計出來的？！

◀將鬼化版娃娃的竹子銜枚輕輕取下，可看到微微露出的小小鬼牙，這個也超可愛！

1/6 pureneemo 角色系列
No. 127 ／ No. 127-PB
『鬼滅之刃』
竈門禰豆子

- 18,000 日圓（普通版），19,000 日圓（PREMIUM BANDAI 限定版）
- 2020 年 8 月開始預訂、預計 2021 年 2 月發售
- 1/6、身高約 23cm
- 附 pureneemo FLECTION S+ 軟乙烯基製娃頭（裝有 10mm 尾櫃瞳）、假髮、和服一套、足袋＋草鞋、銜枚、3 種手部零件

※ 照片為樣品，可能與實際商品有所不同。

be my baby! Cherry get a new look!!

中國、英國、台灣等地共 5 位人氣創作者，
為經過石毛植髮所巧手設計新髮型的 Cherry 華麗裝扮！！
Cherry 成為讓各方創作者驚嘆的繆斯，究竟擁有甚麼魔力？

Lulu dao

Furniture：KLOKA DOLLHOUSE
www.onlineshop.kloka.com

luludao_ph

上海人氣娃娃創作者，除了製作服裝和假髮，最近還創作出原創娃娃「Daisy」。

Cherry and
Lounging Linda

loungingl inda

跑遍英國至全球 Blythe Con 的人氣創作者，善用新穎材質創作出華麗服飾的天才！

Cherry and
James Lulu

jameslulu_

來自台灣的人氣創作者，擅長縫製細膩時尚的服飾。大家千萬不可錯過這套繁花蝶舞的華麗服飾！

Cherry and
Zlab

iamzx_xinxx

以娃娃服飾品牌「Zlab」始於上海邁向世界，也積極以製作人的角色介紹中國的年輕藝術家。

Cherry and
Baby Maro

babymaro17

來自中國的年輕藝術家，從事插畫和立體創作，也有參與 Cherry 娃娃的活動並且受到大家的注目。

be my baby! Cherry

前往 Cherry 娃娃的植髮所

為大家介紹
由 Cherry 娃娃的創造者
miyuki odani 向石毛植髮所
訂製的新髮型

a. 使用 8mm 捲線植髮，頭頂髮線中分，瀏海明顯分成 3 束。利用套環固定至耳下，將髮尾整理成漂亮的外捲弧線後加熱。
b. 使用和 a 一樣的植髮，用套環固定至耳下後，往內捲出造型後加熱。瀏海拉直剪斷。
c. 使用 8mm 捲線植髮。以眉毛高度為界，將後腦勺分成上下區塊植髮，上面成束綁起後，將髮尾梳鬆，裝扮成宛如貴賓犬的造型。
d. 使用清爽水藍色的 8mm 捲線在上面綁出一個髮髻，髮尾梳成包包頭。太陽穴處的植髮往下，瀏海剪得較長，呈現 80 年代的偶像造型。
e. 使用粉紅色的 8mm 捲線分成頭頂、右側、左側 3 個區塊植髮。瀏海也梳得較為豐盈，整體輪廓為圓弧造型。
f. 使用鮮紅的 8mm 捲線植髮。將 5 束假髮當成豐厚的瀏海，髮尾綁起向後固定。後腦勺的假髮分成左右兩股，編成辮子。
g. 使用綠色和水藍色的直線直髮。瀏海中分後分別往左右分開捲起，後面分成 3 束加熱成波浪捲髮。
h. 使用和 c 一樣的 8mm 線，再梳成像 e 一樣豐盈的三區塊植髮。瀏海為厚重的 1 排植髮，並且修剪成短瀏海。
i. 使用黑色和粉紅色直線，梳出往左右分的植髮 。將髮尾收整後捲上髮捲做出捲度。瀏海經過加熱處理梳成倒心型。
j. 使用和 e 一樣的 8mm 線，再像 c 一樣分成上下區塊植髮。上面假髮綁起，並且梳鬆捲髮營造出分量感。瀏海造型重點為隨意髮流。

be my baby! Cherry

Dorothy Bridget

自 2017 年 Dollybird 推出限定娃娃 marshmallow 已過了 3 年，
Dollybird 再次推出接單生產娃娃，
就是目前甚至持續風靡國外的 Cherry ！！

價 格

各 39,500 日圓 + 稅

申購截止日

2020 年 12 月 1 日（二）

商品寄送日

預定 2021 年 6 月～ 7 月

※ 訂單量多時，可能會有延後寄送的情況。寄送日確定後會以電子郵件通知。若地址變更，敬請至線上商店的我的頁面更改資料。

Dorothy 和 Bridget 是委請石毛植髮所製作特別髮型的 Cherry 娃娃。使用的植髮線是很珍貴的捲髮（MC）SARAN 線。服裝為可愛的連身裙，上面罩著一層大圓點刺繡蕾絲。閃亮紅鞋搭配蕾絲襪，造型散發著甜美氣息。眼妝相同，眉毛和睫毛都是由 miyuki odani ——親手繪製。還添加了珍珠項鍊和經典蝴蝶結緞帶，再送到各位的手中！接單截止日為 2020 年 12 月 1 日，訂閱者皆可購買，千萬不要錯失這個絕佳機會☆

be my baby! Cherry「Dorothy」「Bridget」
- ●各 39,500 日圓（未稅）
- ●接單期間／ 2020 年 9 月 30 日～ 12 月 1 日
- ●販售廠商／ HOBBY JAPAN
- ●製造廠商／ miyuking
- ●化妝／ miyuki odani
- ●身高約 22cm
- ● PVC 製
- ●附服裝、襪子、鞋子、蝴蝶結緞帶、項鍊

※ 照片為樣品，可能與實際商品有所不同。

請連結至「HOBBY JAPAN 線上商店」申購。

http://hobbyjapan-shop.com

第一次至線上商店購物者，請先註冊會員。

請在 P.41 確認【購物相關注意事項、退換貨相關事宜】。

【商品洽詢】
●本商品相關洽詢敬請聯絡
株式會社 HOBBY JAPAN 通訊販賣部
電話：03-5304-9114（平日 10:00 ～ 12:00、13:00 ～ 17:00）
電子郵件：shop@hobbyjapan.co.jp

◀ Dorothy 有著至今未曾出現的標誌性髮型。造型感強烈不亞於古董娃娃，不論'50 年代的摩登，還是'70 年代的復古穿搭都很適合。

◀ Bridget 的內捲鮑伯頭比起簡單鮑伯頭，更帶有強烈的夢幻羅莉感，穿搭的範圍很寬，從休閒到優雅都很適合♡

▲工廠擺滿過去的知名娃娃。連 1992 年製作的 STAR LIGHT YOSHIKI 都在牆上靜靜守候著工作人員。

▲從 SARAN 植髮線樣本簿挑選顏色。

▲植髮所位於外房地區偏山區的位置，附近還靜靜座落著一間因栽培玉米和哈密瓜而頗負盛名的工坊。

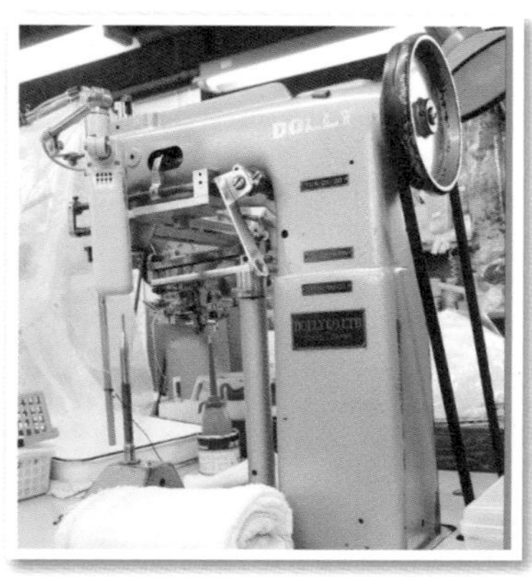

▲已有歷史的 DOLLY 植髮車縫機，今天也精神奕奕的工作中！

▶植髮用的 SARAN 線 10 束捲成一個捲筒。只有要使用的線才從倉庫搬來，光這些量就相當重。

◀經過熱處理的 8mm 捲髮 SARAN 線。直接從裝袋內的線抽出使用。

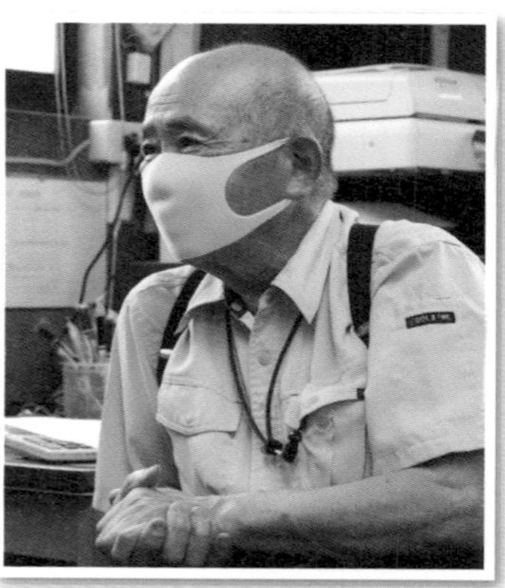

▲接受採訪的職人石毛武男，興趣是打高爾夫球。

前往 Cherry 娃娃的植髮所

「石毛植髮所」是位於千葉線旭市的人形植髮工坊。戰後勞動成本低的日本紡織產業相當興盛。這時的紡織工廠曾陸續製造美國美泰兒公司的芭比娃娃，以及 IDEAL 公司的 Tammy 娃娃等。1966 年 TAKARA（如今的 TAKARA TOMY）推出莉卡娃娃之後，日本國內也掀起人形娃娃的浪潮。人形娃娃需求更勝以往，據說當時日本國內的人形植髮工廠高達 100 間以上。但是，如今日本國內仍在運作的人形植髮工廠已少到屈指可數。「我想只剩下我們工廠和福島的莉卡娃娃城堡，還有另外 2 間小工坊了」。

石毛武男是石毛植髮所的代表，現年 77 歲。植髮工廠設立距今已有 50 多年。「大概是昭和 44 年吧！在那之前我從事精密加工業，受到已在經營植髮工廠的朋友邀約。當時因為人形娃娃的風潮，植髮工廠應接不暇。為了嘗試前往東京的植髮工廠實習後，可能頗有天賦吧（笑）！1 週內

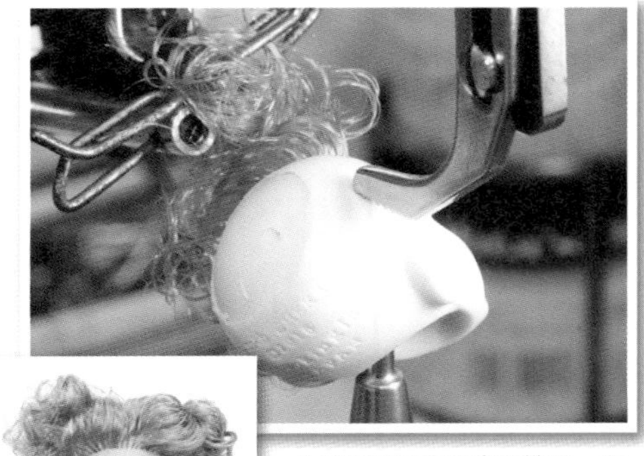

▲將娃頭固定在車縫機後，在外圈植上一圈頭髮。一般會在頭皮塗色，當作外圈縫製的輔助線。

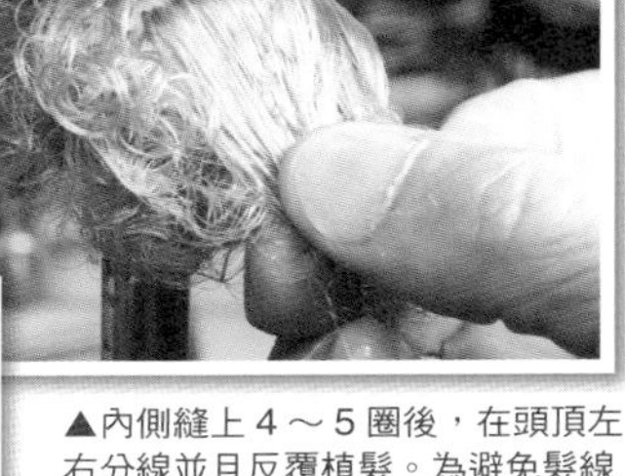

▲內側縫上4～5圈後，在頭頂左右分線並且反覆植髮。為避免髮線混入，會用橡皮筋固定。

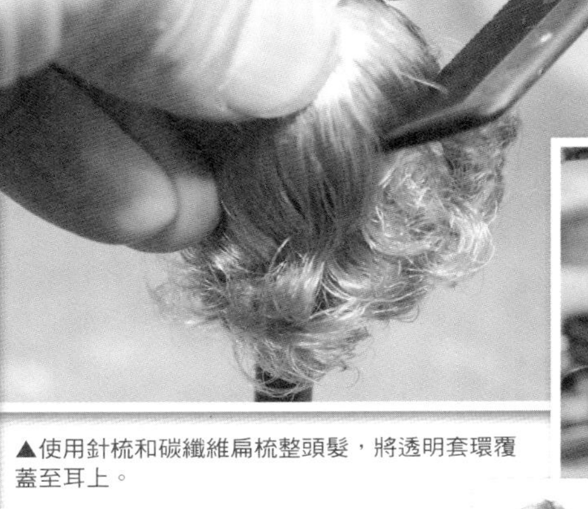

▲使用針梳和碳纖維扁梳整頭髮，將透明套環覆蓋至耳上。

▲決定好瀏海寬度後，用橡皮筋固定。

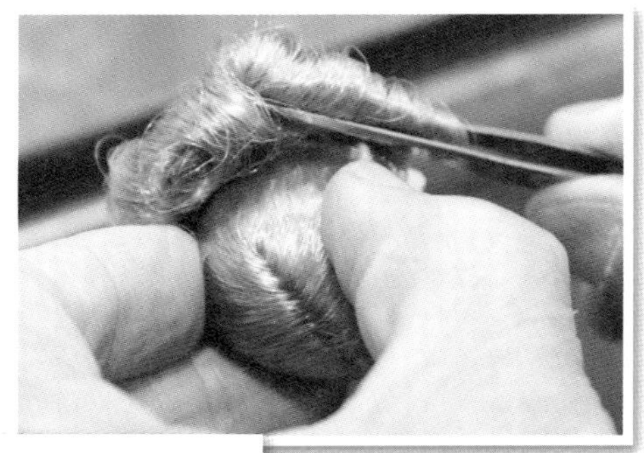

▲後面頭髮的髮尾用扁梳和針梳整理好後，用鑷子統一捲度。

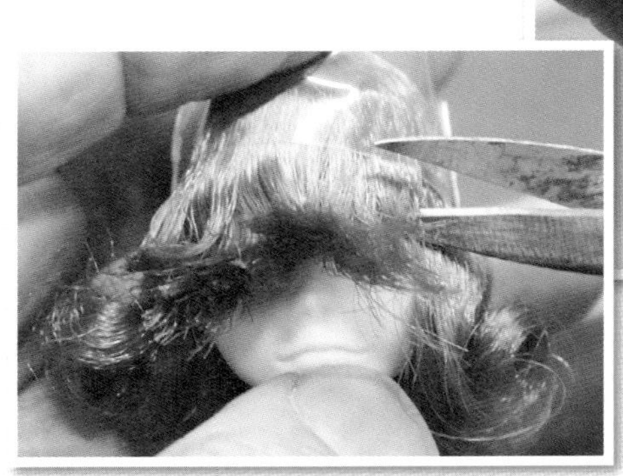

▲用銳利的剪刀修短劉海，最後用烤箱加熱固定髮型。

就學會了，3週後就自己購入車縫機，工廠正式營運。」

石毛植髮所除了TAKARA莉卡娃娃和珍妮娃娃以外，還有為身高約50cm的抱抱娃娃、使用毛線的捲心菜娃娃等各式各樣的娃娃植髮。時間來到2000年代後，還製作了針對大人玩家的珍妮娃娃、momoko DOLL，以及AZONE INTERNATIONAL複雜的角色髮型等，聽說當初為了能回應「是否能做出這種髮型」的洽詢，植髮所不斷嘗試失敗後，終於能重現洛可可風的豐盈髮型和日本髮型。

植髮車縫機和SARAN線

植髮車縫機製造廠商為德國一家名為「DOLLY」的廠商。植髮車縫機和一般裁縫的車縫機不同，車縫針由下往上突出。車縫機的構造裡有一根棒芯，用來插住固定軟乙烯製的娃頭，車縫機一運轉，銳利的針頭就會用力刺穿軟乙烯的頭皮，所以如果新手不小心伸出手就可能受重傷。

「已經是50年前的車縫機，所以難免會發生一些狀況。每次遇到這樣的狀況，我就得尋找可替代的零件，或自己做出零件，這台機器得一邊維修，一邊使用。」

「DOLLY」廠牌大概在20年前就撤出日本市場，所以現在不但是維修，連合購零件都不可能。皮帶斷掉，就找可能的替代品來修理，每天都細心上油，小心持續使用。擅長機械加工的石毛先生，似乎也會收到同業莉卡娃娃城堡的維修委託。工廠之間合購植髮的SARAN線等，彼此間仍持續合作。

現在植髮使用的纖維99%都是旭化成的「SARAN」。舊的樣本簿上放有80種色號，新的樣本簿上放有40種色號。放在倉庫久未使用直到最後的植髮線也還有很多。基本上是筆直的「直髮」纖維，將其經過熱處理變成有捲度的「MC」款較為稀少。

「做捲髮的工廠也漸漸沒了，之前曾往來的工廠在廢棄前，我們曾向他們買下全部的庫存，現在還躺在倉庫裡，不知會放到何時。」

車縫機台設有可將植髮線混合成2色的線台，以及照亮手邊的移動燈具。這些全都是由石毛

▲將水藍色和紫色 2 色混合植髮。瀏海左右分開，用透明塑片和繩線固定，做出捲髮。

後面頭髮分成 3 大區塊，避免髮流扭轉，將頭髮穿過波浪燙具，燙成細波浪捲髮。

▲頭髮往上綁後，在一半綁起的頭髮下面部分繼續植髮。接著也植上瀏海，調整髮量即完成。

▲ odani 喜歡的貴賓犬髮型，先在外圈植上一圈頭髮。將其置頂綁成一束。

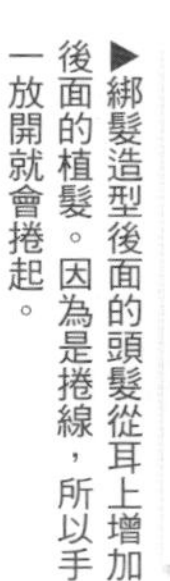

▶綁髮造型後面的頭髮從耳上增加後面的植髮。因為是捲線，所以手一放開就會捲起。

▲加熱娃娃頭髮的烤箱，會依據捲髮、植髮、聚乙烯的種類調整溫度和時間。待熱度冷卻後髮型固定即完成！

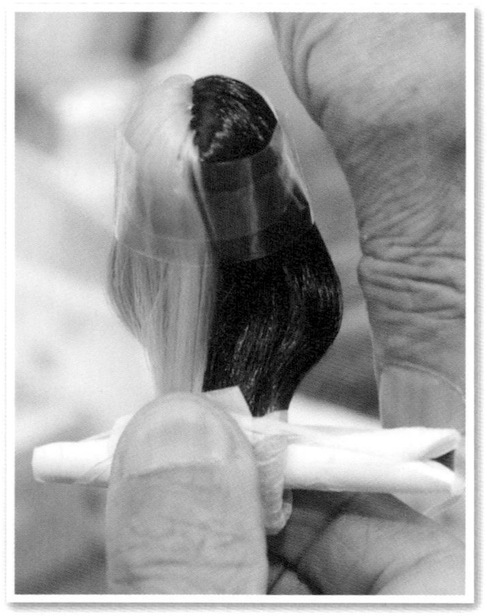

▲植好漂亮的雙色頭髮後，試捲髮尾，髮尾先用燙髮用紙包覆一起，再用紙製髮卷捲起。

▲左右髮色不同的髮型，最重要的是平均植髮。拍下中間變成龐克造型的 Cherry 娃娃。

先生設計而成。「以前的髮型也比較簡單，最近客戶會要求混合2種顏色等，各種需求接踵而來。植髮線用水沾濕後不容易產生靜電、容易穿針，所以做了一個裝水的托盤，放在線台的下面。還有燈具也是，包括我所有的工作人員都有老花眼，所以不照光製作無法看清（笑）。」石毛先生還順帶提到曾經混合讓可植髮的顏色做到3色。單色時，一個毛孔植10根線，2色時植20根，3色時植30根。如果縫製和單色一樣的針數，線量會倍增，所以會減少內圈的針數，調整髮量。「髮量太多時，將1個毛孔植出的SARAN線分半，一次5根拔出，這樣剩下的5根也很好拔出，這個毛孔的髮量就沒了。如果想減少髮量時可以這樣處理喔。但是會留下毛孔痕跡無法成為商品，這次是樣品，所以這是特殊作法（笑）。」

髮型設計和專用道具

SARAN材質如一般所熟知，經過熱水捲燙等，經加熱後會變形，冷卻後就會固定形狀。

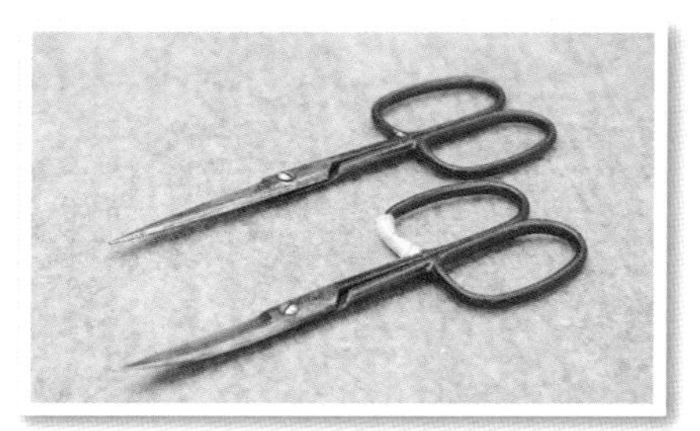

▲為了能俐落剪齊娃娃的頭髮，準備了直線和翹頭 2 種剪刀，全部是特別訂製。

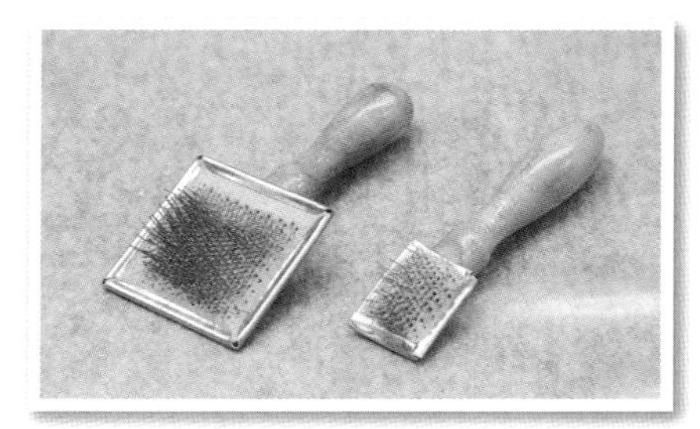

▲配合 1/6 娃頭特別訂製的針梳，小把的是石毛先生手作的針梳。

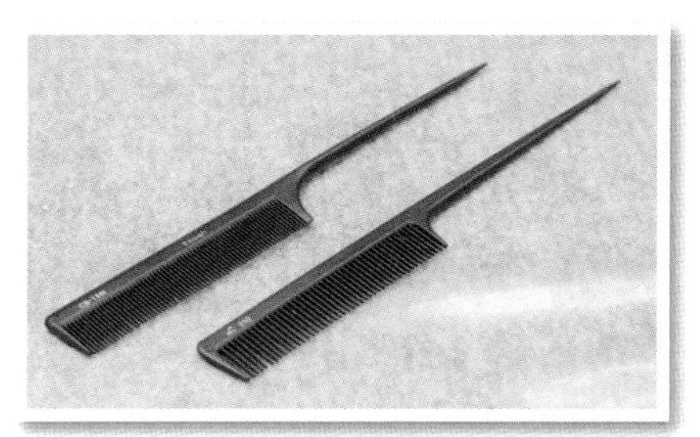

▲梳頭髮時使用碳纖維製扁梳，如果用塑膠扁梳，齒梳很容易一下子就斷掉，所以喜歡用金屬或碳纖維製品。

▲以 1mm 為大小特別訂製了好幾款套環，是為了維持娃娃頭髮美麗的必需品。

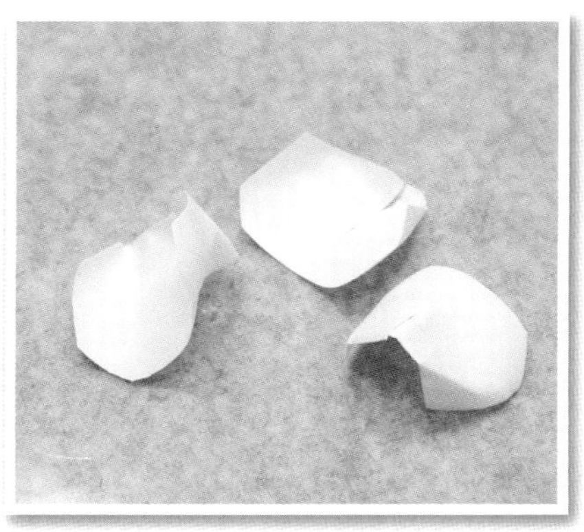

▲貼紙底紙沿著娃娃臉部裁出弧度，還在鼻子的位置剪出牙口，不會燒焦也不會沾黏，非常方便。

▲特別訂製的鐵製植髮架，將娃頭刺穿在支柱上，方便燙髮和剪髮的作業。

▲竹籤髮捲可做出極小的縱向捲度，上面也有讓橡皮筋固定的開叉。

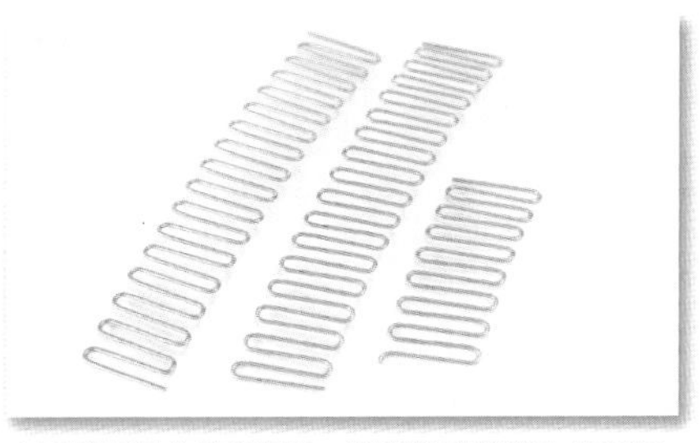

▲不鏽鋼製的波浪燙具，將頭髮交錯捲入做出波浪髮型。

▲由工作人員一起捲製的紙製髮捲，兩端為了固定橡皮筋用裁紙機割出切口。

因此我們利用這個特性可以做出千變萬化的髮型。不只是直線之後可做成波浪捲髮或捲髮，也有在捲線植髮後將一部分拉直的技巧，配合想像成形的髮量和長度，來檢討適合哪一種作法。植髮所內部的層架上，有金屬髮捲、竹籤髮捲、剪短的塑膠管、剪短的棉花和貼紙等，用於髮型設計的神祕用品都依照種類細心排放。「每次接到波浪捲髮和捲髮等各種髮型洽詢時，就會用這些用品試做看看。這是用紙捲製而成，是燙髮用的髮捲。想著有沒有不容易滑落，遇熱也不會溶解又好用的材質時，大家用紙一圈一圈捲起，兩邊用裁紙機切割做成。」向我們說明的是石毛太太，負責石毛植髮所的造型。

「用了好幾次所以變得更捲了，這是用於貼紙底紙等的油紙（笑）。用烤箱加熱時蓋在臉上，還可防止妝容附著在頭髮或脫妝。試過各種材料，這種紙最好用。用於燙髮的薄紙也裁切成大小剛好的尺寸，所以每次使用完畢可以整齊疊起收回袋內。看似不起眼卻是很重要的道具喔。」

這次因 Cherry 娃娃受託製作的髮型有些都是初次接觸的樣式，所以裁切透明盒，試著夾住頭髮，或將髮線捲出弧度後綁起，石毛夫婦兩人樂此不疲的嘗試失敗，不斷試做的身影令人印象深刻。已有50年資歷的師傅眼中閃爍說著：「你看，很可愛吧！學會了！」不僅是 odani 連編輯團隊看到他們的神情都不禁感動不已！日本娃娃廠商能推出時尚又有個性的娃娃髮型，都多虧了有這些職人的精湛手藝才得以誕生。不求大量生產，而是凝聚了心力和工藝成就出1/6的藝術。「3年後就80歲了，我想努力持續做下去！」

▲ Odani 正在接受石毛夫婦的指導，練習波浪燙具的用法，被稱讚資質不錯。

美 麗 再 現

Blythe 1972

這次示範的娃娃是腰部和頸部都破損的 Vintage Blythe。
連劣化毛捲的頭髮都整理成滑順直髮，
讓美麗重現。

photo & text：momiji igarashi　dress：salon de monsoon

Before

作業開始前請先檢視需修復的部分。斷落的頸部似乎掉落在頭內發出喀拉喀拉的聲響。腰部破裂，雙腳鬆脫，有一道從腹部到胸部的裂痕。頭髮捲曲糾結。材質老舊，加上日曬使臉部肌膚出現斑紋。右眼上方有融化的痕跡。部分妝容褪色剝落。右邊睫毛已掉了約 2/3。

在溫水中加入中性清潔劑，輕輕攪拌至起泡程度做成清洗液，洗去身體髒汙和出油部分。洗乾淨後將水分完全擦除使其乾燥。

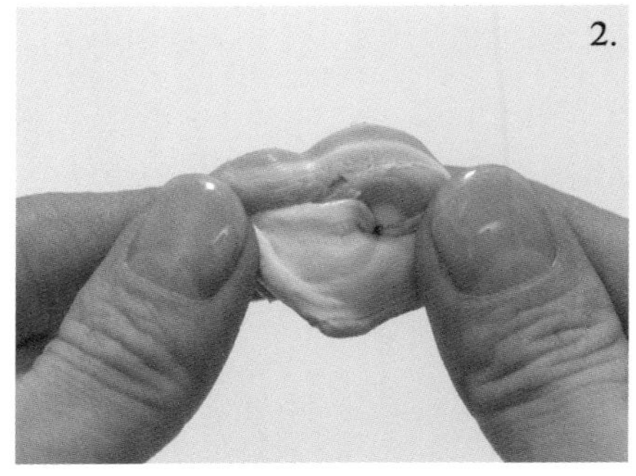

為了強化破損腰部，1：1 揉合主材料環氧樹脂和硬化劑。

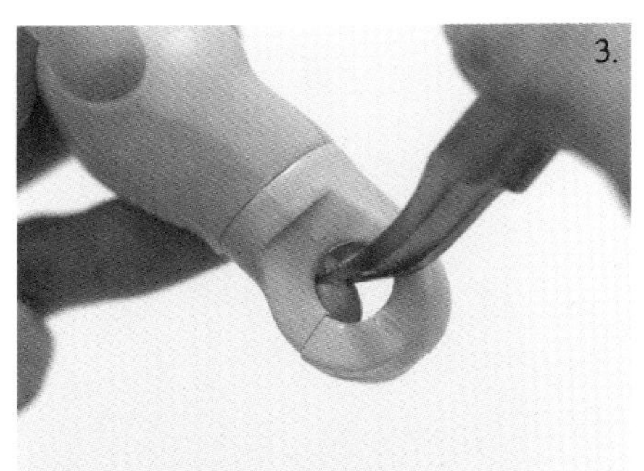

Vintage Blythe 的素體為中空設計，很容易受損。在內側補上一圈環氧樹脂。

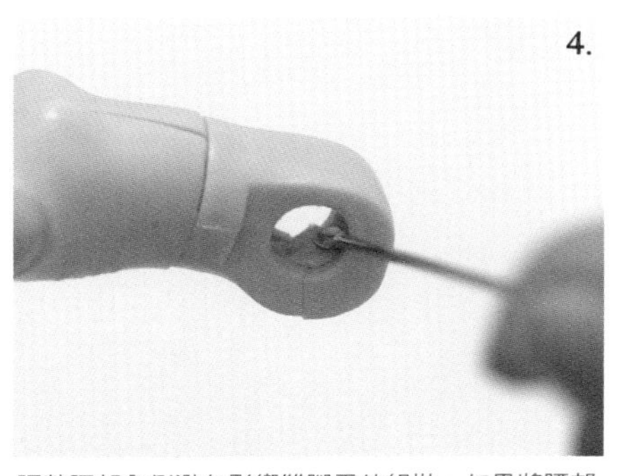

調整腰部內側避免影響雙腳零件組裝。如果將腰部裂痕封住，之後會無法組裝雙腳，所以填補時不要施力待其硬化即可。

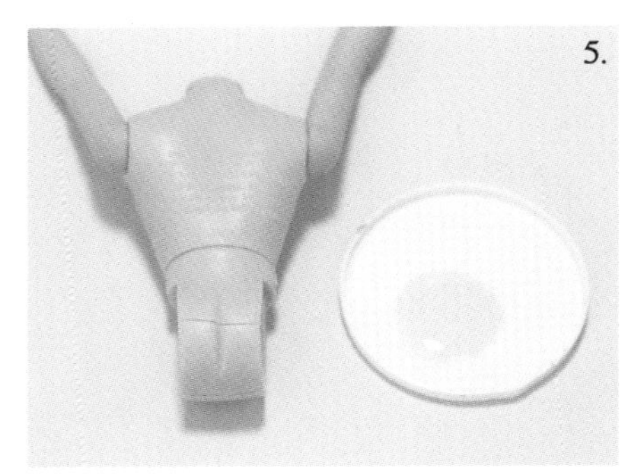

這次著重於外觀修復，所以使用瞬間膠補土修復表面（若著重強度請先組裝雙腳，從裂痕上補上大量的環氧樹脂）。

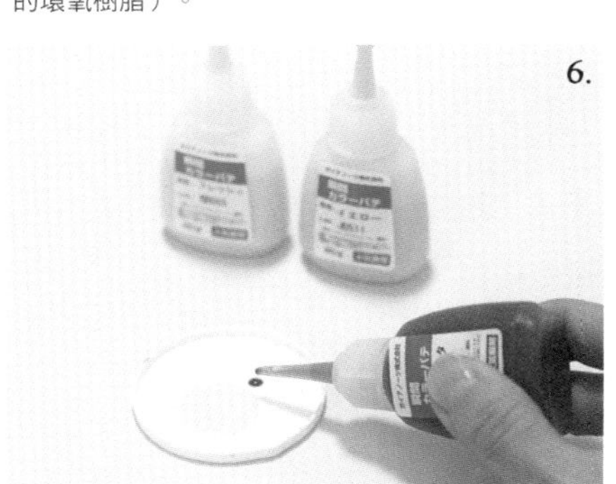

在瞬間膠補土「膚色」混入「洋紅色」和「黃色」，調出近似肌膚的顏色。

Material 01

瞬間膠加速劑
環氧樹脂
塗料皿
海綿砂紙
科技海綿
3 X 30 自攻螺絲
瞬間膠補土
超強接著劑
鑷子
十字起子

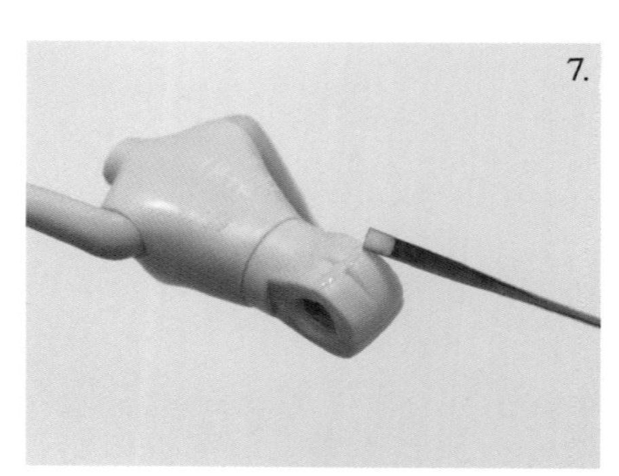

將已混色的瞬間膠補土塗進裂痕，塗厚一點避免產生縫隙。

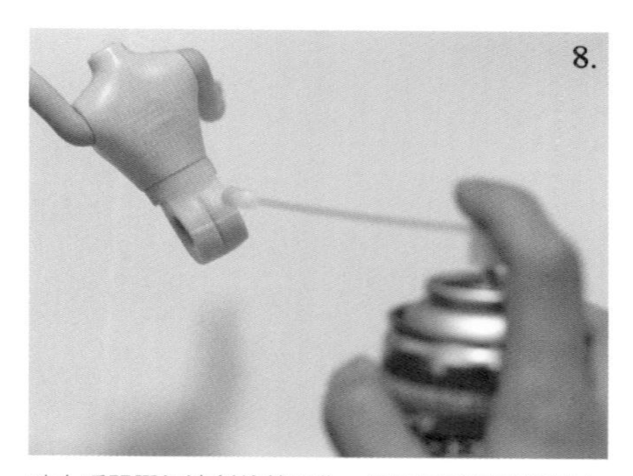

噴上瞬間膠加速劑使其硬化，再次厚塗瞬間膠補土補強，並且再噴上瞬間膠加速劑。

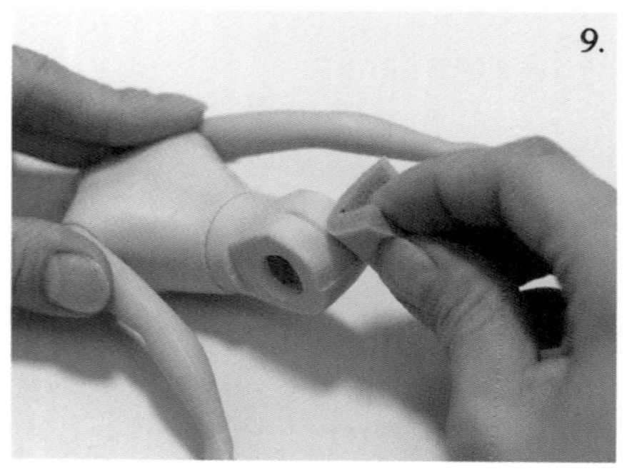

使用海綿砂紙將表面凹凸修整平滑。

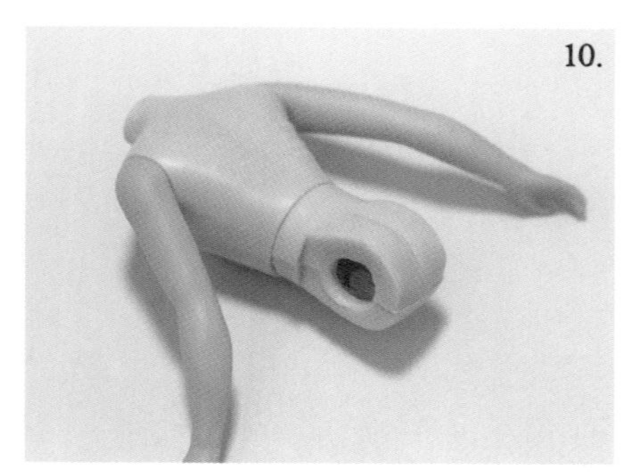

裂痕填補好後，外觀也變漂亮了。

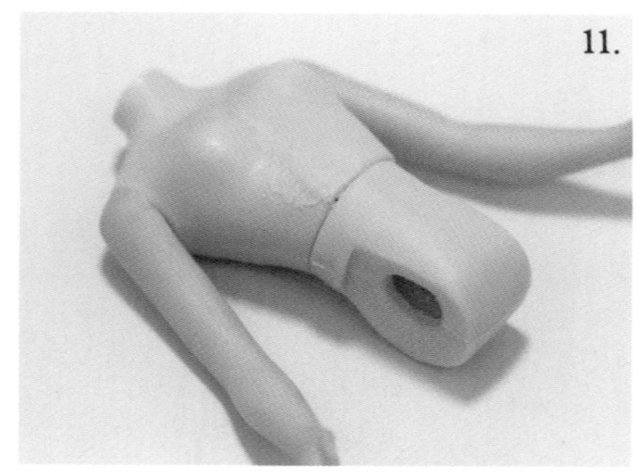

胸前裂痕部分也用相同作法，塗進瞬間膠補土填補縫隙，並且噴上瞬間膠加速劑使其硬化。重複這個步驟增加厚實度。

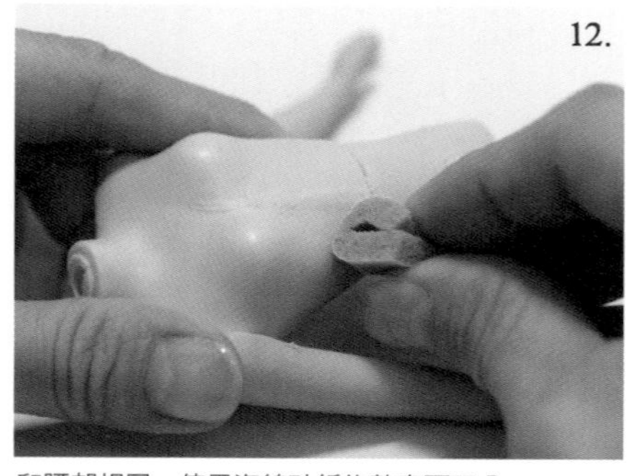

和腰部相同，使用海綿砂紙修整表面凹凸。

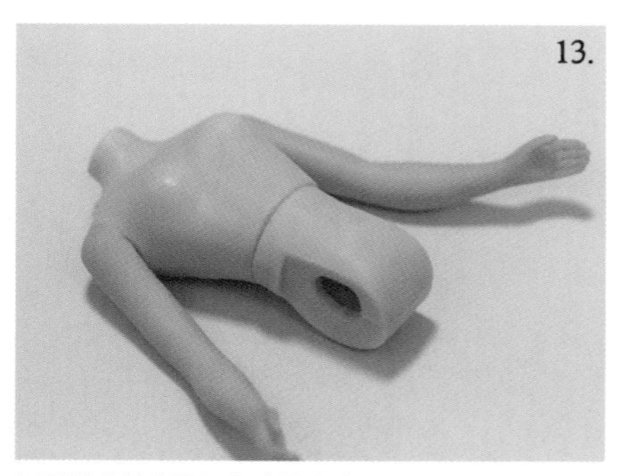

如果過度削磨反而會減弱強度，所以只要修整成自然的樣子即完成。

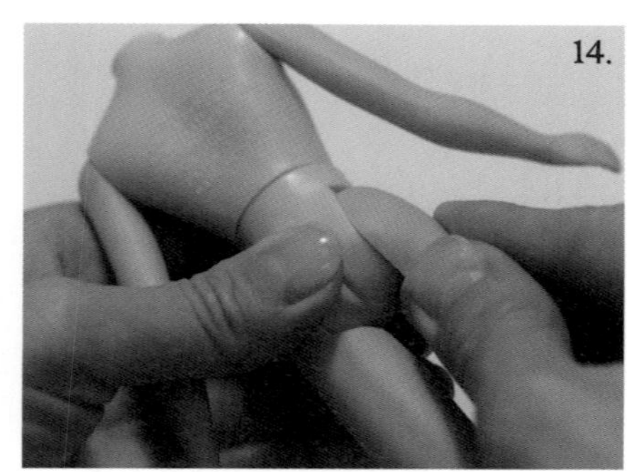

瞬間膠補土完全硬化後組裝雙腳。

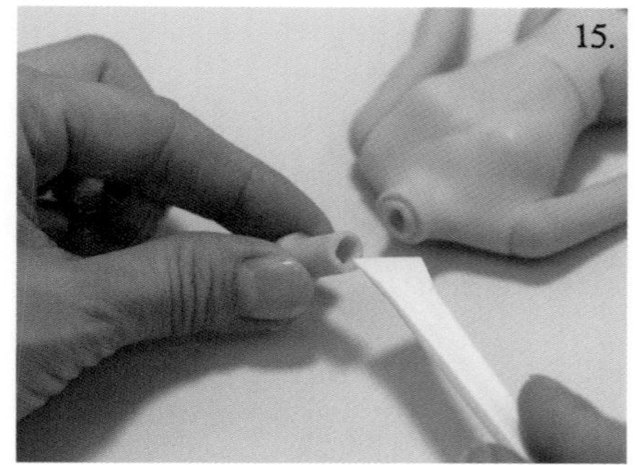

接著黏上斷落的頸部（頸部零件為取自步驟 31 的零件）。在頸部零件和頸部根部平均薄塗一層接著劑，放置 5 ～ 10 分鐘。

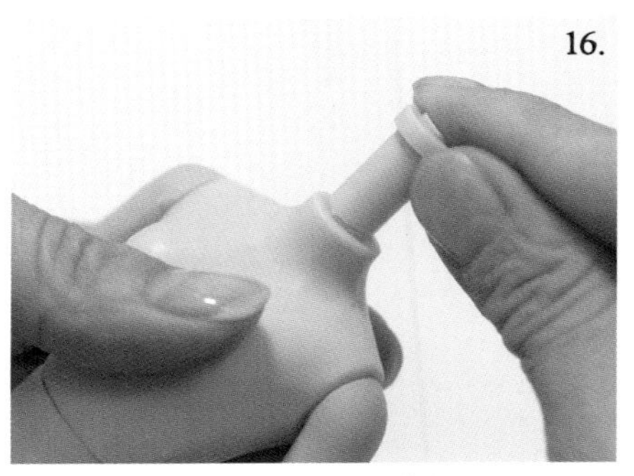
16.

一邊確認位置，一邊在兩側使力黏合。

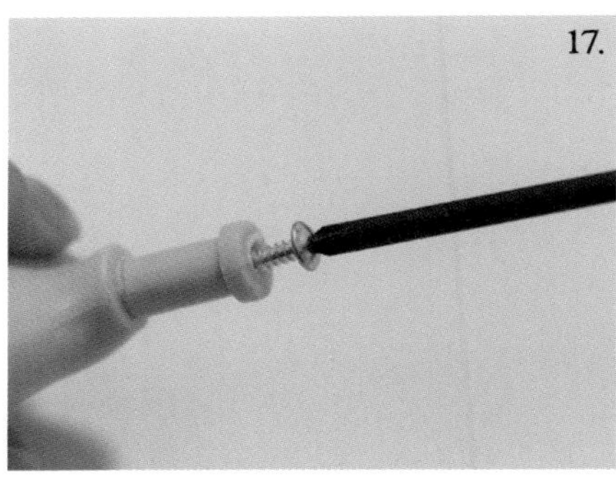
17.

將 3×30 自攻螺絲插入頸部孔洞，並且用十字起子鎖緊。

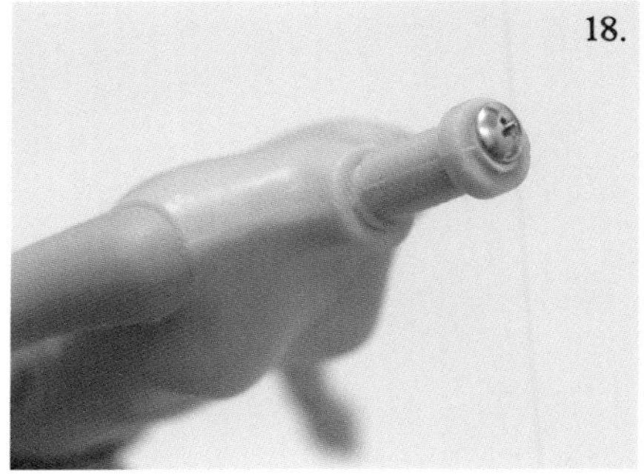
18.

牢牢固定頸部關節。
※Vintage Blythe 的頸部為中空設計，很容易折斷，所以變換眼珠時不是撐著素體而是後腦勺來拉動繩子，或是用手指轉動眼珠，請小心不要折斷頸部。

19.

臉和頭髮都處於等待修復的狀態。首先拆解頭部。

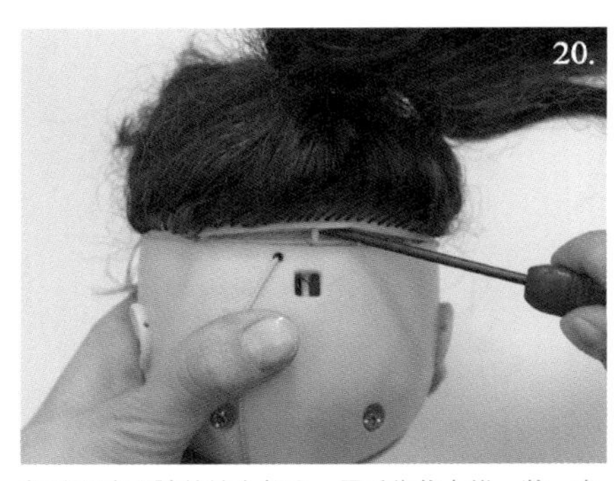
20.

拆除頭皮和臉的接合部分。用手指往上推，將一字起子插進縫隙中，掀起頭皮。

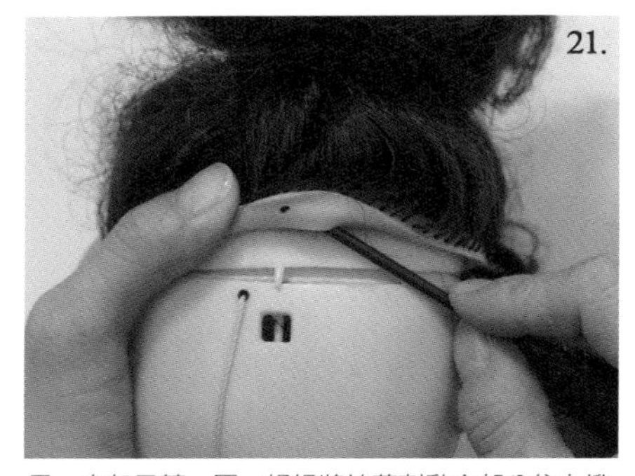
21.

用一字起子轉一圈，慢慢將接著劑黏合部分往上掀起剝除。

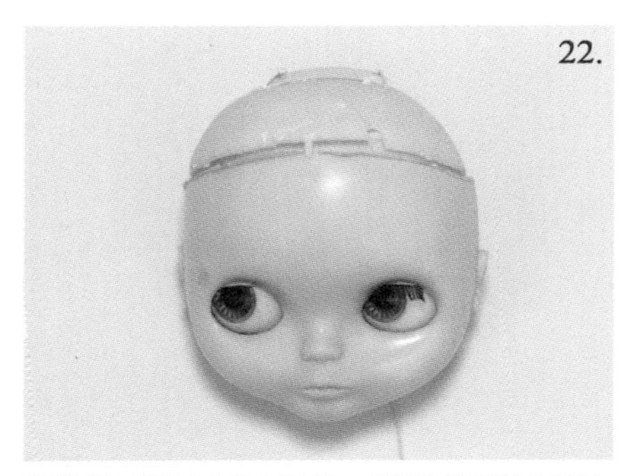
22.

將頭皮接著部分完全剝除後，從基底塑膠零件掀起頭皮。這個娃娃和 Neo Blythe 的構造不同，還請小心。

23.

頭頂突出部分固定了扣住頭皮基底的塑膠零件。

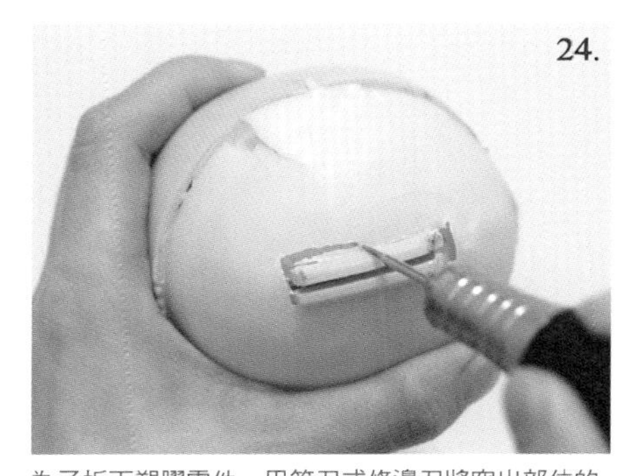
24.

為了拆下塑膠零件，用筆刀或修邊刀將突出部位的接著部分稍微割開幾 mm，割出縫隙。

Material 02

修邊刀
壓克力溶劑
噴筆
面相筆
海綿砂紙
科技海綿
塗料皿
緩乾劑
壓克力顏料
鋁箔紙
竹刷
睫毛夾
紙膠帶
剪刀
木工用接著劑
鑷子

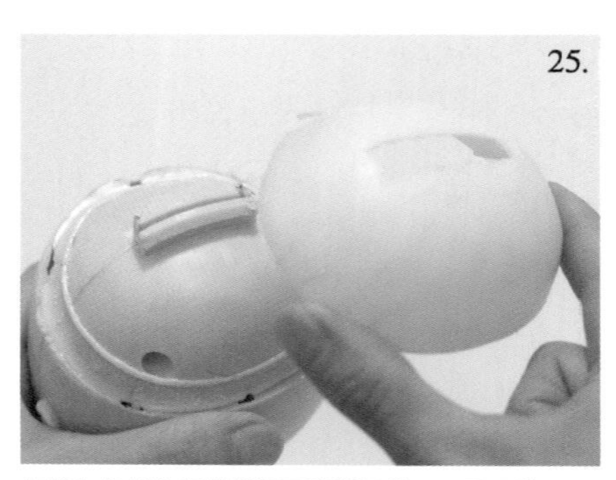

如將扣住部分打開般拆下塑膠零件，一下子就可以拆下。

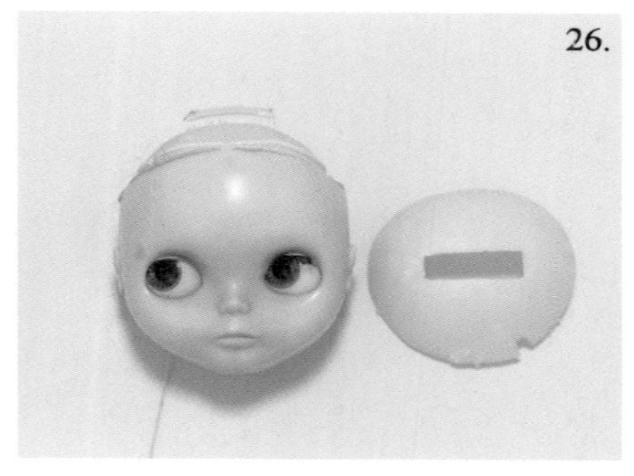

頭皮拆解完成。

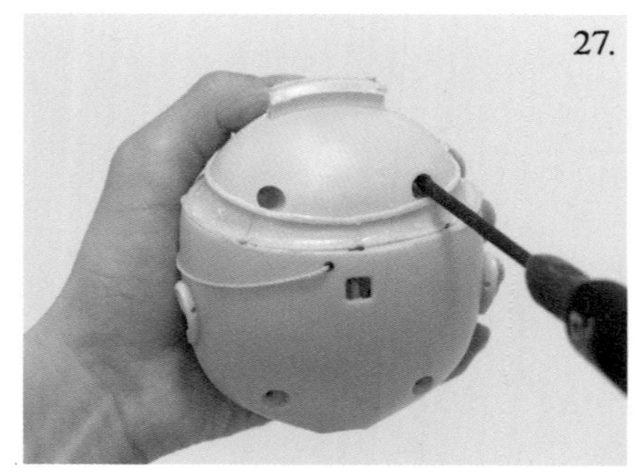

用十字起子轉開固定娃頭前後的 4 根螺絲。

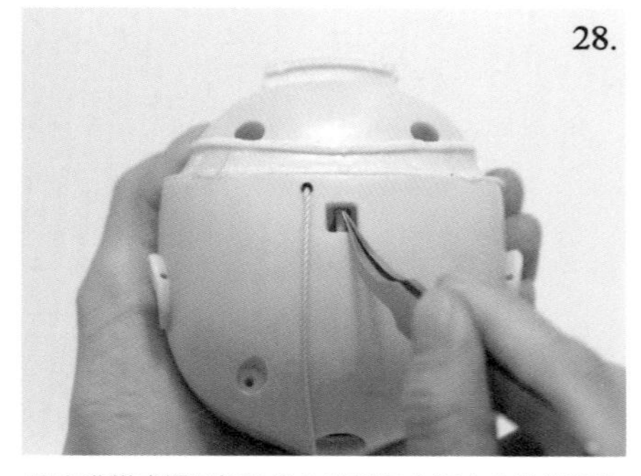

用尖嘴鉗或鑷子拆除掛在後腦勺方洞中央軸的眼珠機關彈簧。

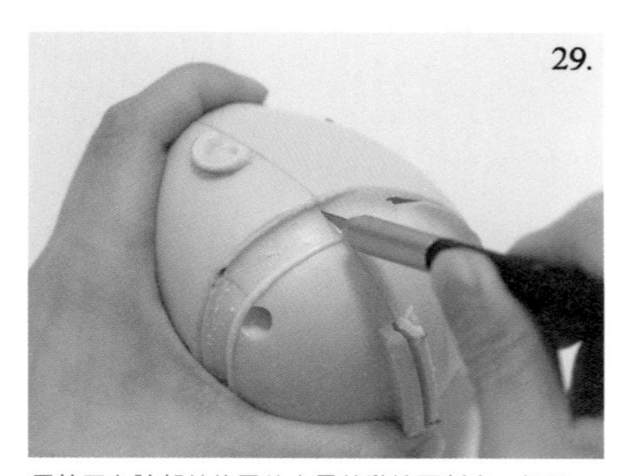

用筆刀在臉部前後零件交界的黏接面劃出一個開口。

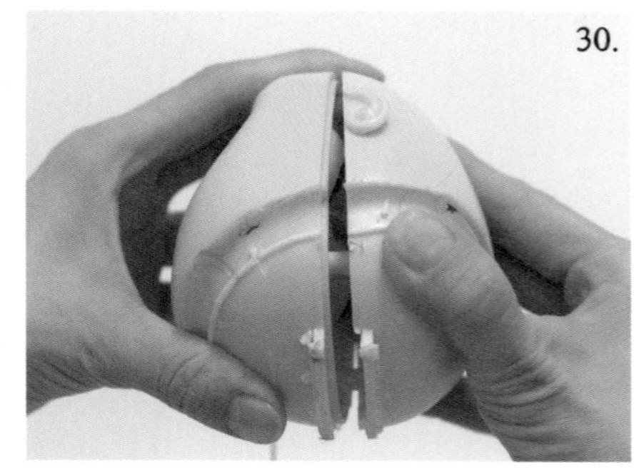

垂直拔開臉部。

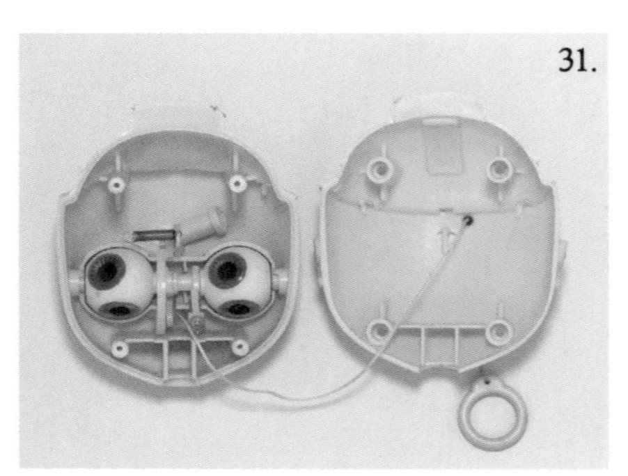

娃頭分解完成，折斷的頸部掉落其中。

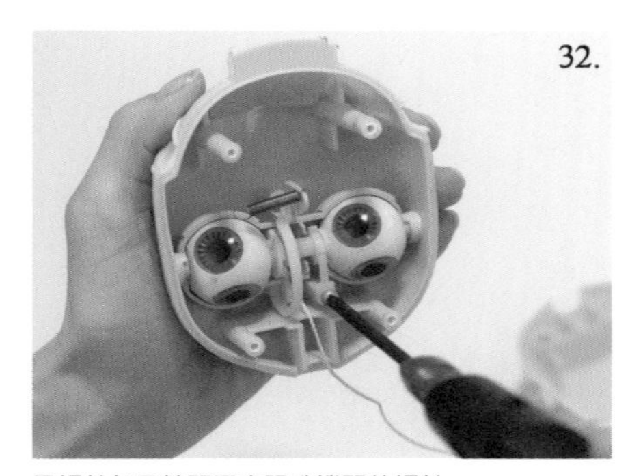

用螺絲起子轉開固定眼珠機關的螺絲。

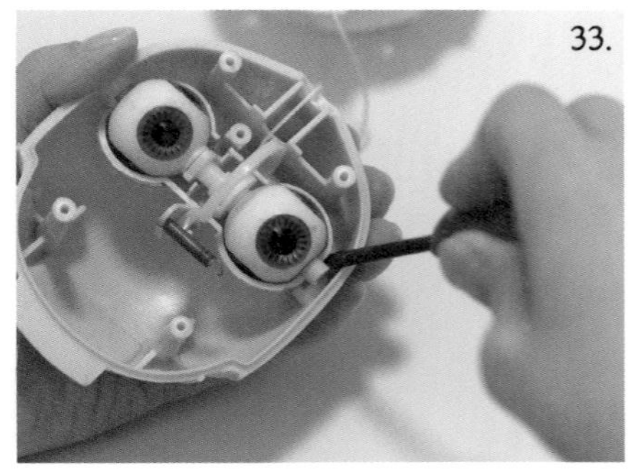

用一字起子插入眼珠機關和臉部縫隙中，利用槓桿原理拆開。

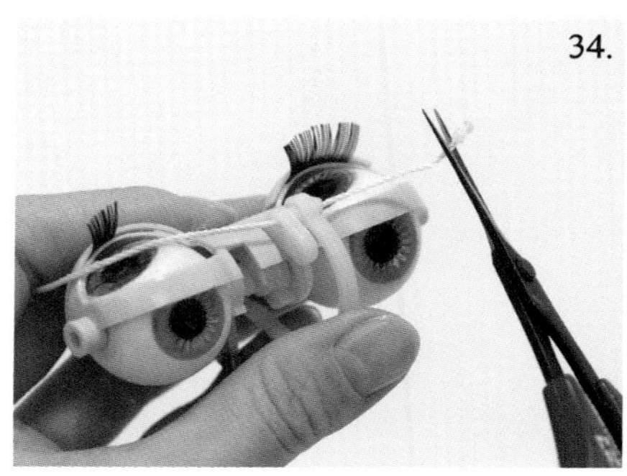

從線結下方剪斷變換眼珠的繩線線結。

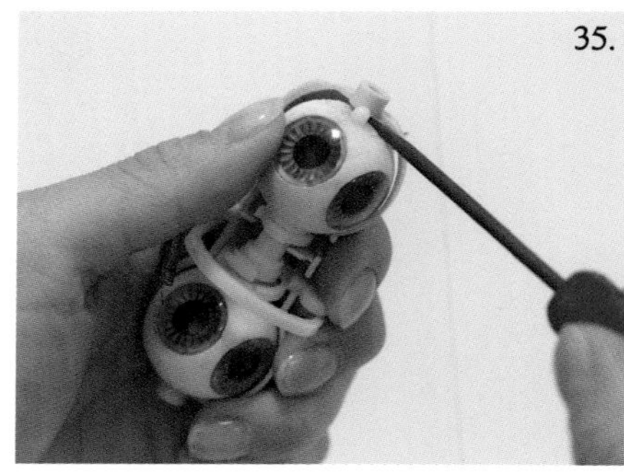

用一字起子插入眼珠機關和眼珠的縫隙，利用槓桿原理拆除。

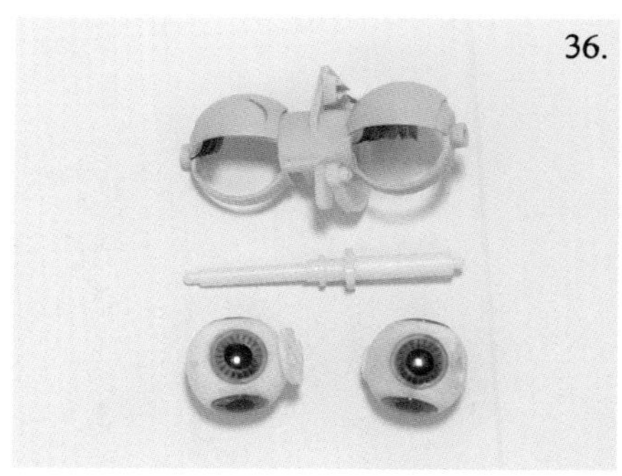

從棒狀零件拔下眼珠，眼珠機關拆解完成。

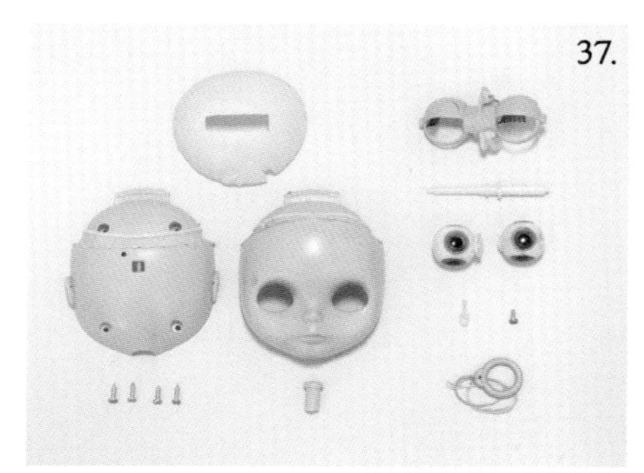

頭部完全拆解完成。

在溫水中加入中性清潔劑，輕輕攪拌至起泡程度，洗去臉部髒汙。請事先移除容易生鏽的螺絲以及彈簧。（請參閱 Dollybird Taiwan vol.01）

臉部零件、眼珠以及眼珠機關浸泡在漂白劑中，蓋上保鮮膜，曬太陽漂白。（漂白的詳細方法請參閱 Dollybird Taiwan vol.02）

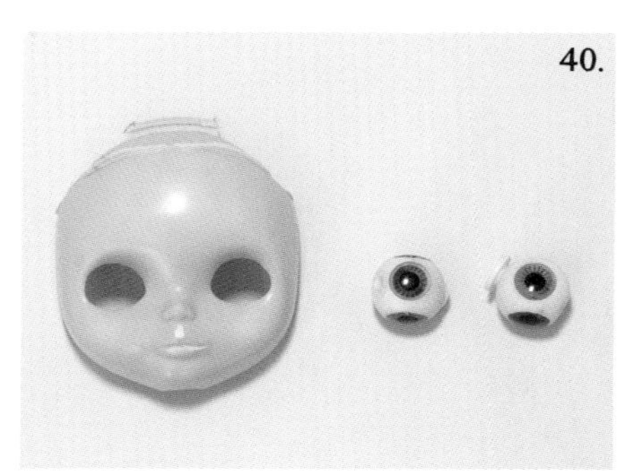

臉部整體的淡淡黃漬都已清除，但部份還留有嚴重的黃漬。眼白黃漬已清除乾淨。

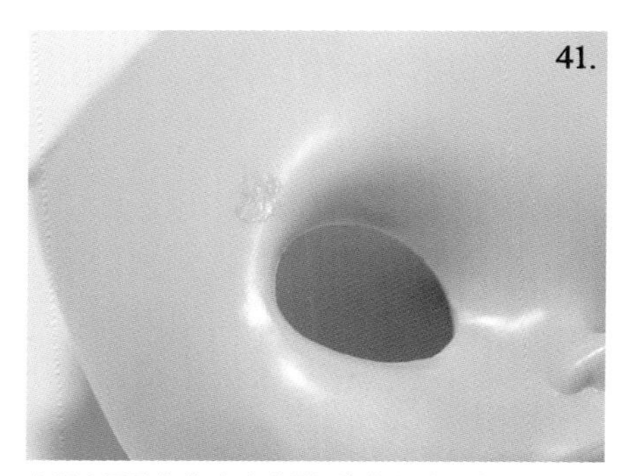

右眼上面融化的痕跡（長年沾粘塑料的痕跡）凹凸明顯。

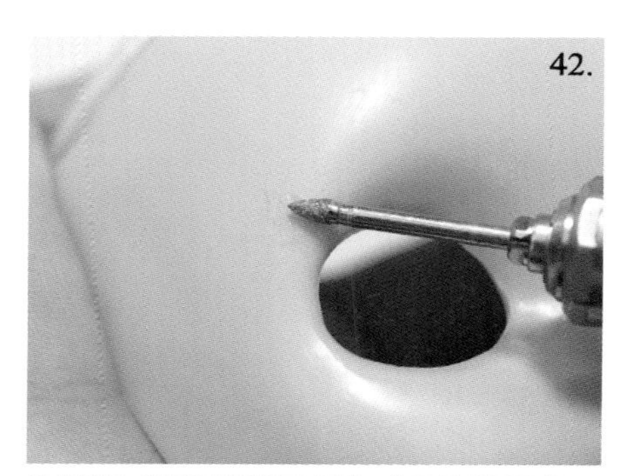

用修邊刀或筆刀慢慢修磨表面，使凹凸變回平整。

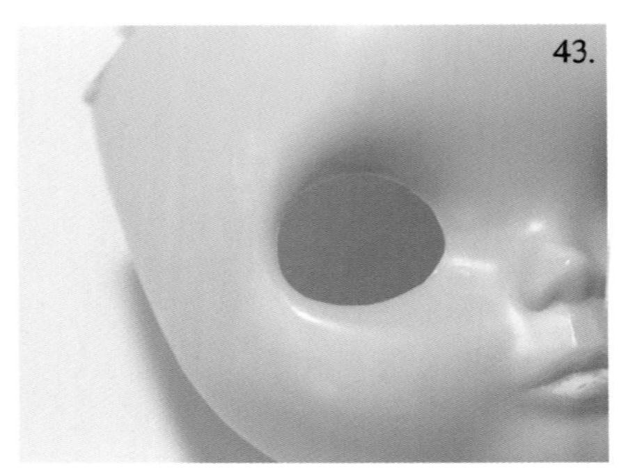

43. 凹凸變得不明顯。

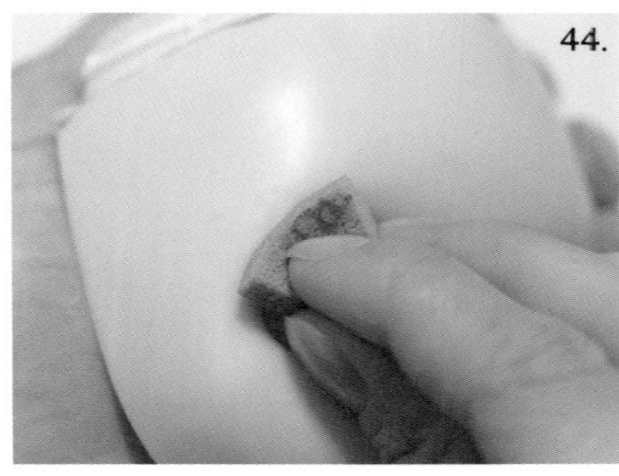

44. 因修邊刀產生的細微損傷，再用海綿砂紙磨成平滑表面。

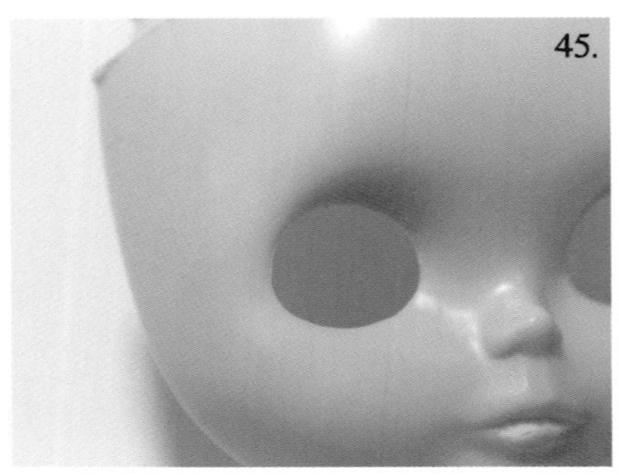

45. 融化痕跡已清除乾淨。

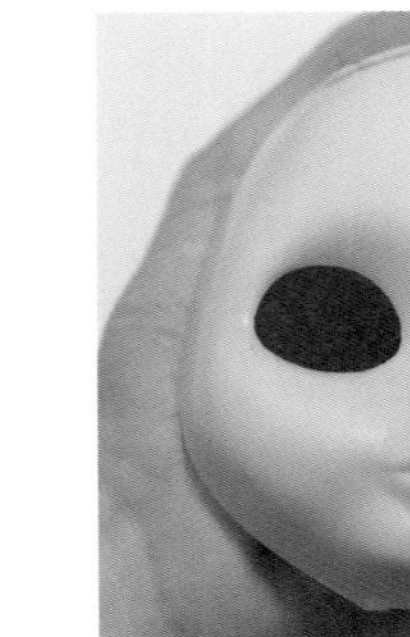

46. 因為黃漬未完全清除，所以為肌膚塗裝。用科技海綿卸妝，還可清除肌膚表面小傷痕。

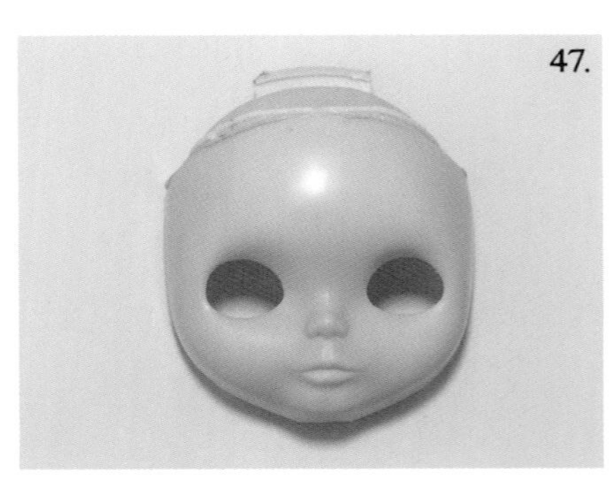

47. 卸妝後的肌膚用噴筆塗裝。塗裝前請確認是否有沾染灰塵。

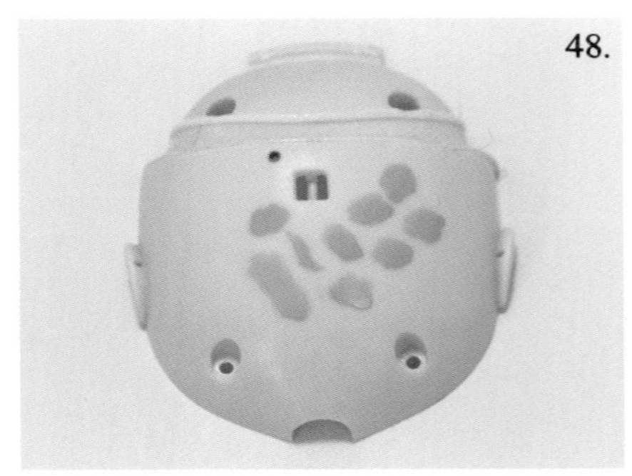

48. 化妝時不論在哪一個步驟失敗，都要從膚色塗裝重新開始，所以請小心不要畫錯。塗料皿中和塗上肌膚的顏色看起來不一樣，所以將實際顏色塗在後腦勺確認，就可以減少失敗。

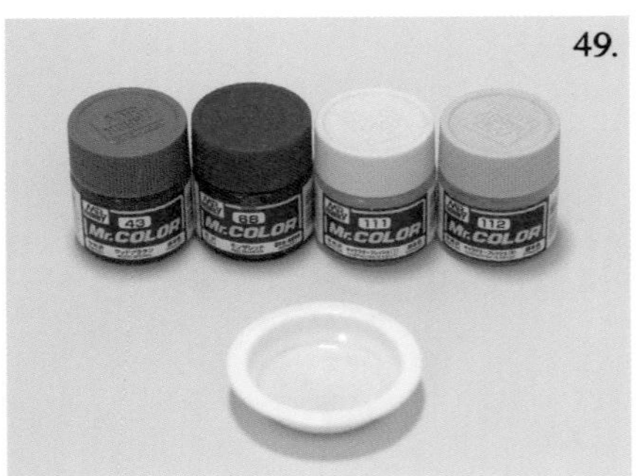

49. 請參考不易褪色又漂亮的肌膚顏色，用壓克力塗料調出顏色。

50. 塗料濃度調淡，如暈染般慢慢在褪色部位噴出漂亮的膚色。

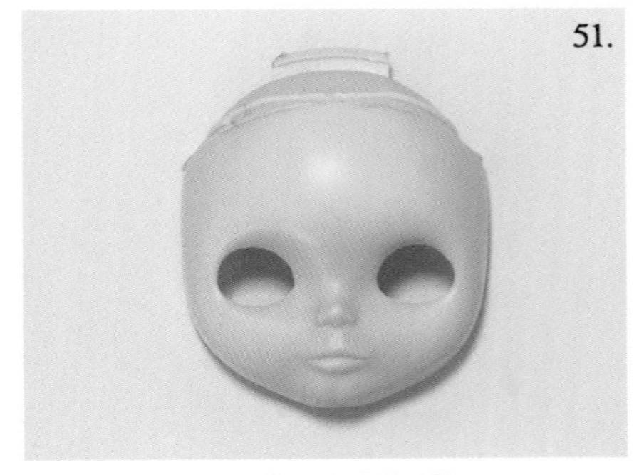

51. 膚色暈染完成，褪色部分變得不明顯。

52.

調出眼影的綠色。

53.

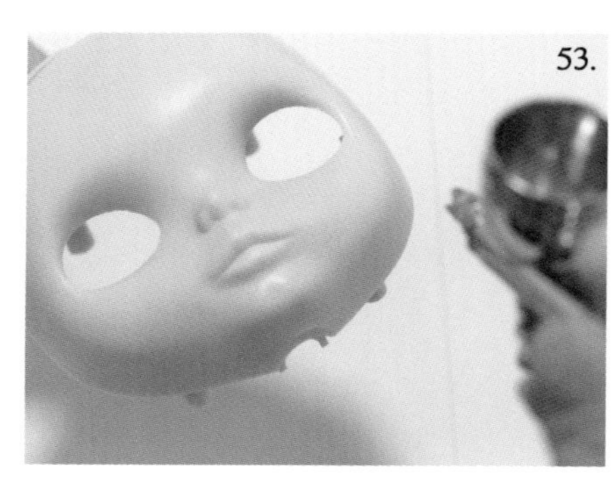

從眼眶周圍往外，如漸層般一邊確認是否平均，一邊慢慢噴上塗料。

54.

用相同的方法調出腮紅的粉紅色。

55.

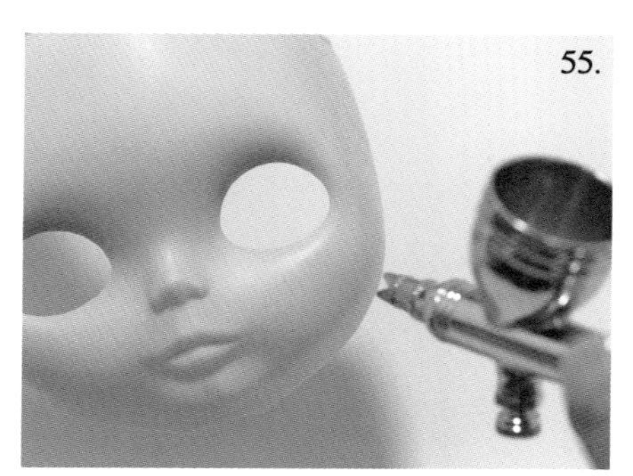

一邊確認左右是否平均，一邊慢慢噴上塗料。

56.

這次嘴唇使用腮紅的調色塗料。混入緩乾劑就不會留下筆痕，方便塗色。

57.

參考 Vintage Blythe 的唇線，思考要畫的唇型。如果擔心會畫不好，先用自動筆輕輕打底確認樣子。

58.

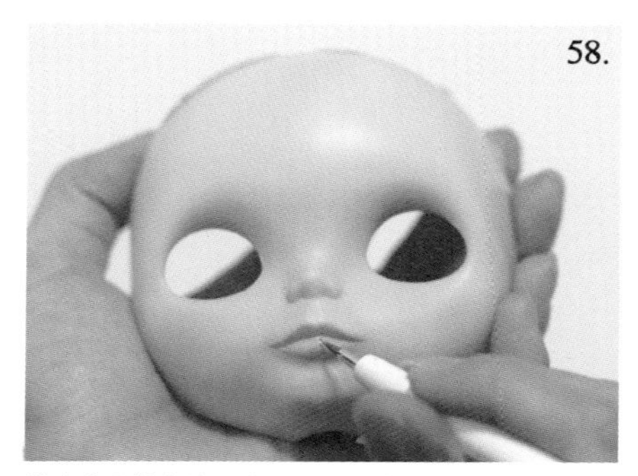

描出嘴唇輪廓後再塗內側。在稍微往內側的地方描出輪廓，一邊微微地調整唇線，一邊塗至實際的唇線，就能畫得很漂亮。

59.

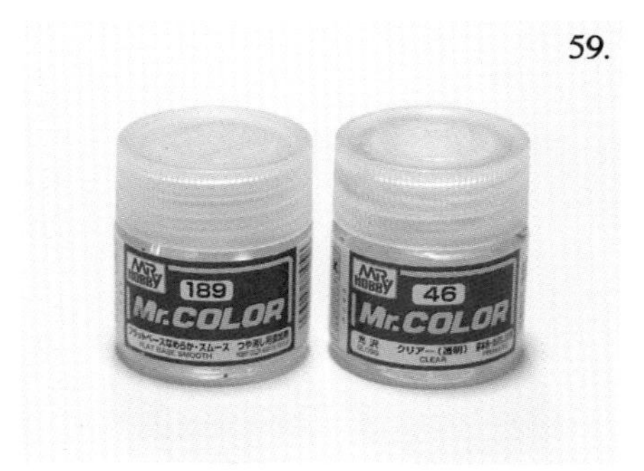

完成時依喜好的質感噴上保護漆。

60.

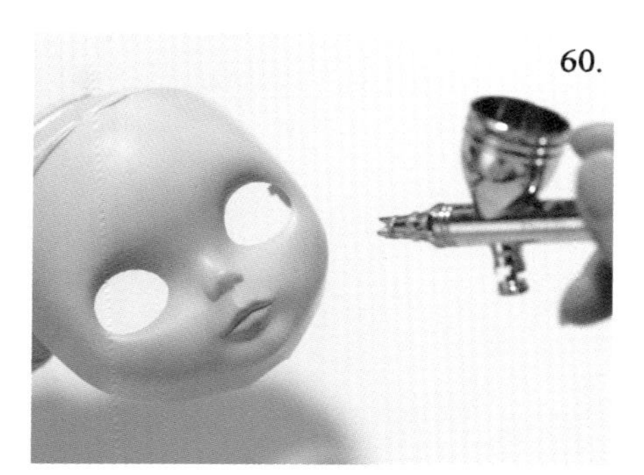

混合透明漆和消光漆就不會過於霧面，而能呈現近似 Vintage Blythe 的水潤質感。

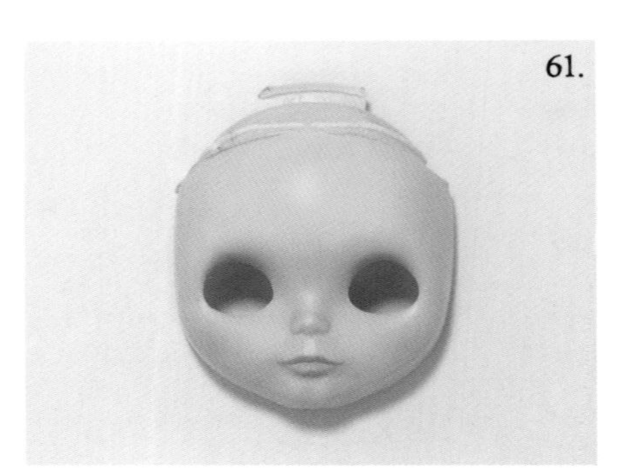

妝容完成。

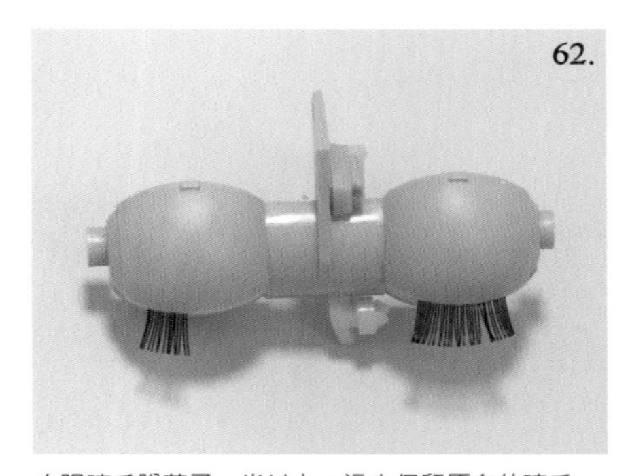

右眼睫毛脫落了一半以上，這次保留原有的睫毛，只補上不足的部分。

Vintage Blythe 的睫毛有韌度又有彈性，尋遍各種材質，結果竹刷刷毛最為接近，不論顏色還是粗細都很適合。

剪下刷毛，因為粗細不一，所以從剪下的刷毛中挑出最適合的刷毛。

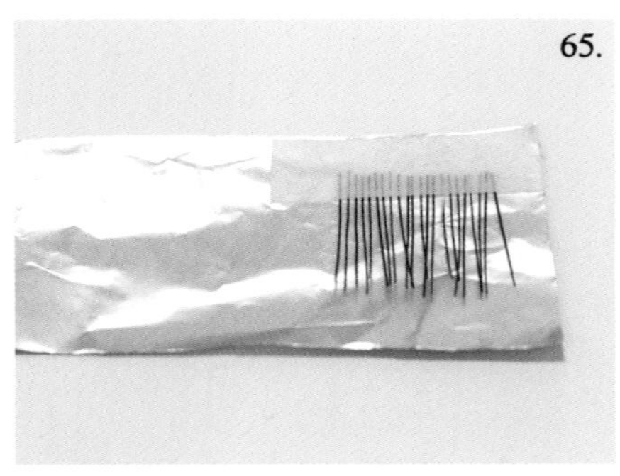

用紙膠帶將剪下的刷毛貼在鋁箔紙固定。

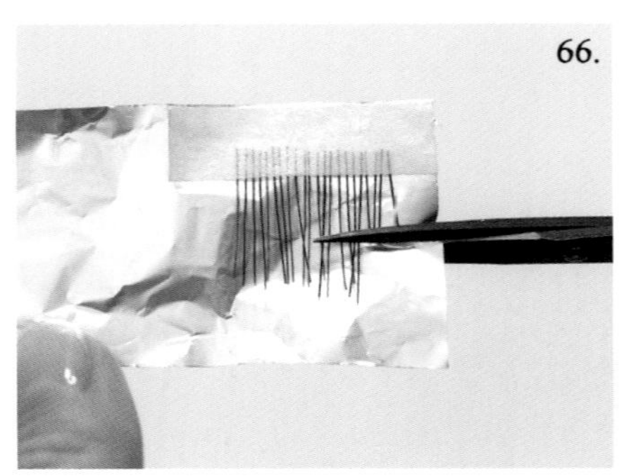

在需要的長度連同鋁箔紙一同剪下。

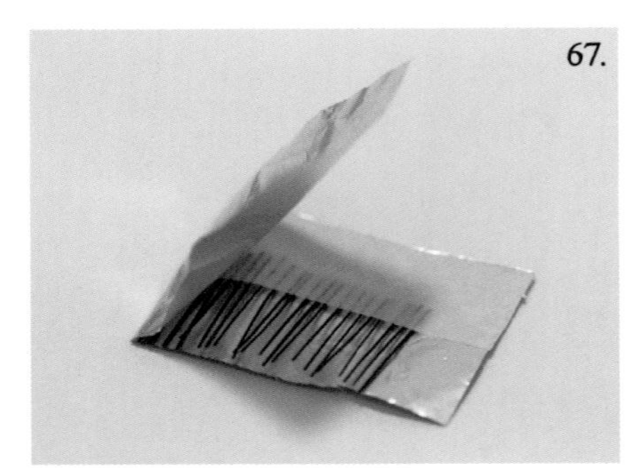

將鋁箔紙反摺固定，避免睫毛移動。

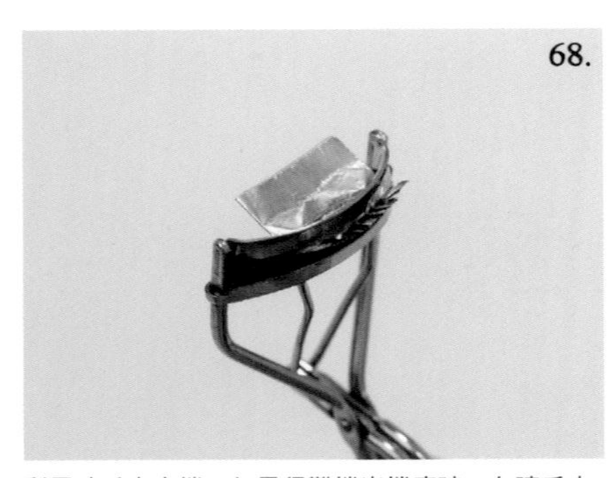

利用睫毛夾夾捲，如果很難捲出捲度時，在睫毛夾夾住的狀態下，用吹風機熱風吹過。

用鑷子拔下一根，在根部塗上接著劑。

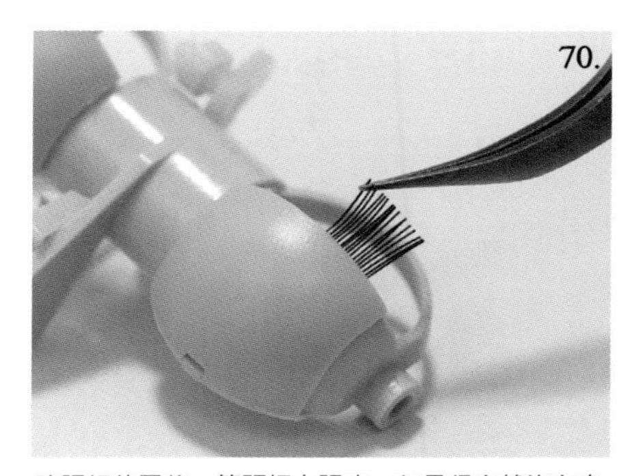

確認好位置後，等距插上眼皮。如果很自然沒有奇怪的感覺，就持續植上睫毛。

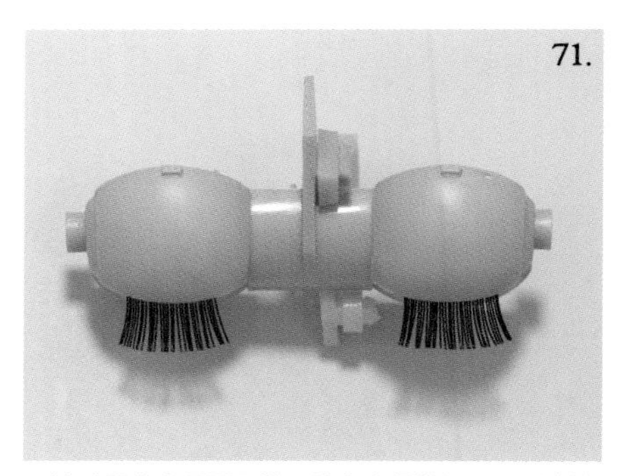

一邊確認左右是否平均，讓左右根數相同，一邊植上睫毛。待接著劑乾後即完成。

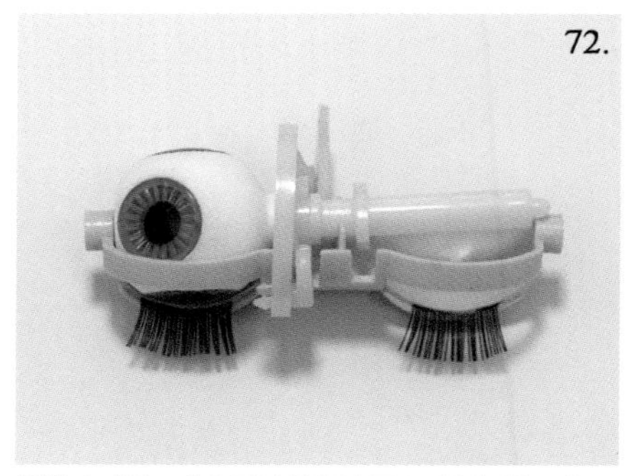

維修完成後，依照剛才的順序反向重新組裝，將棒狀零件穿過眼珠。

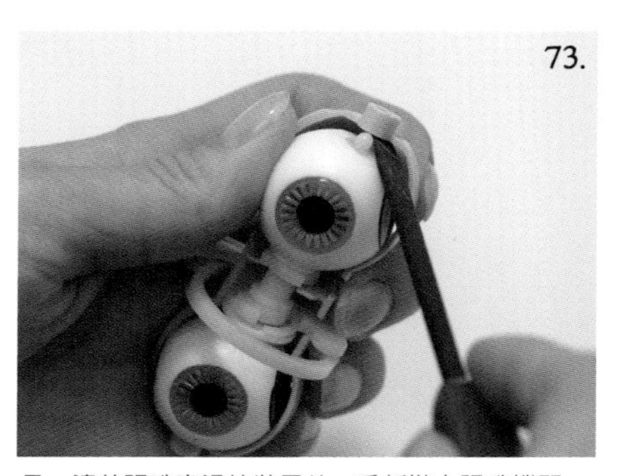

另一邊的眼珠穿過棒狀零件，重新裝上眼珠機關，插入一字起子利用槓桿原理裝入。

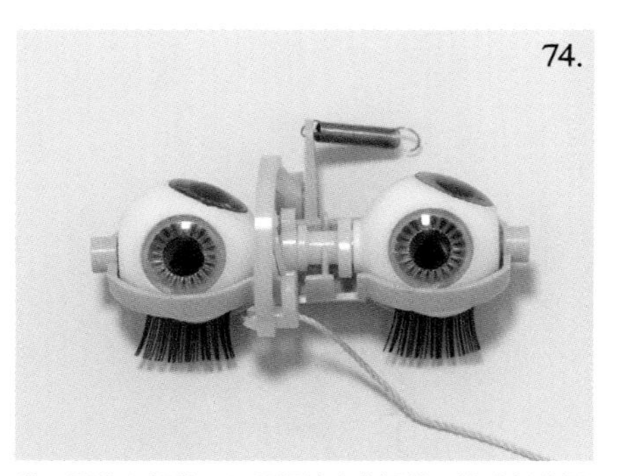

裝回彈簧和繩線。如果繩線老舊損壞，換成新的繩線。繩線若繫著環圈時，請等到步驟 77 再裝回。

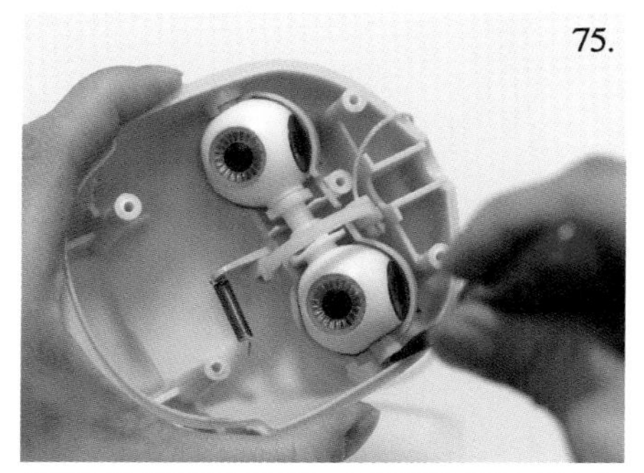

將眼珠機關插入臉部零件，用槓桿原理嵌入原本的孔洞。

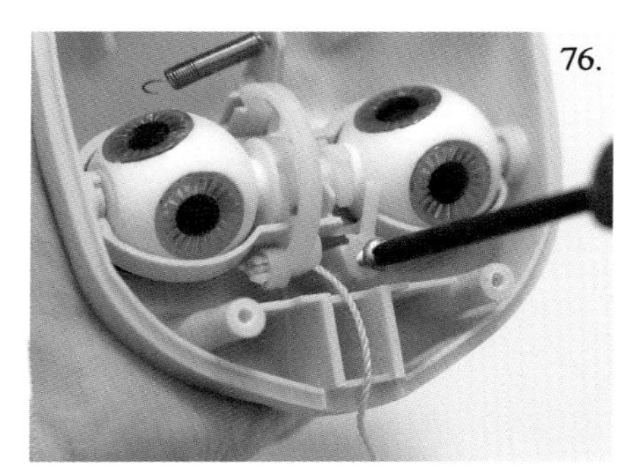

用螺絲鎖住固定眼珠機關的零件。

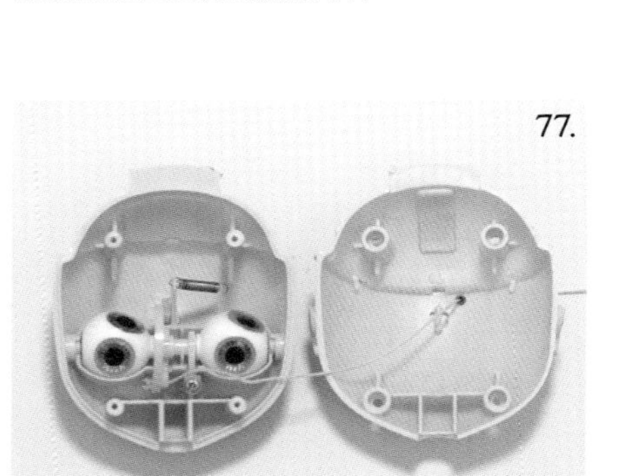

將繩線穿過後腦勺的孔洞。

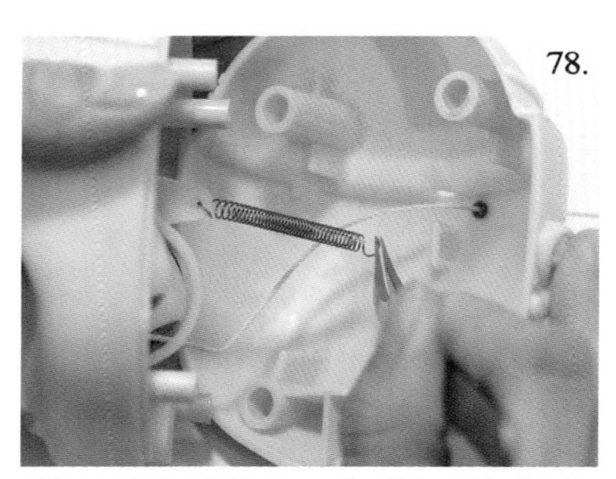

將掛在眼珠機關的彈簧另一側，掛在後腦勺方洞的中央軸。

Material 03

燙馬
墊布
矽質橡膠保護噴劑
熨斗
潤絲精
中性清潔劑
WIDE HAITER EX 漂白劑
碗盆
方形淺盤
免洗筷
扁梳
保鮮膜
鋁箔紙

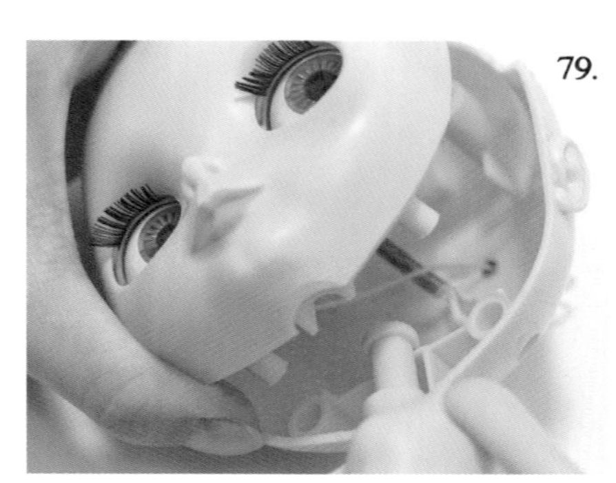

將頸部夾進臉部零件的溝槽。

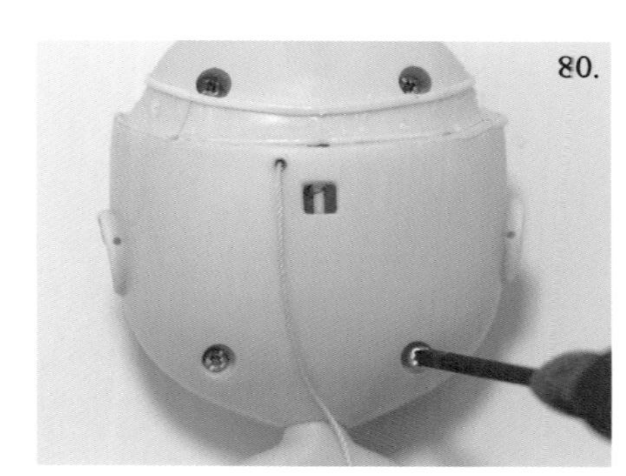

鎖回 4 根螺絲。

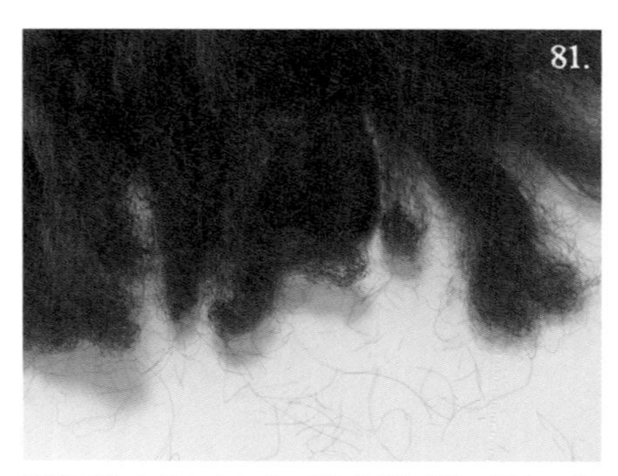

頭髮看起來很令人心痛，髮尾糾結毛捲，還有一些部分一碰就碎落。

將中性清潔劑溶於溫水中做成清洗液，這次要特別輕柔悉心揉洗。

可看出已洗出大部分髒汙。

將潤絲精溶於溫水中，將頭髮浸泡其中揉洗。

抓起一束糾結的髮束，用扁梳的尖尾解開打結處。將尖尾插進髮尾，慢慢小心解開。

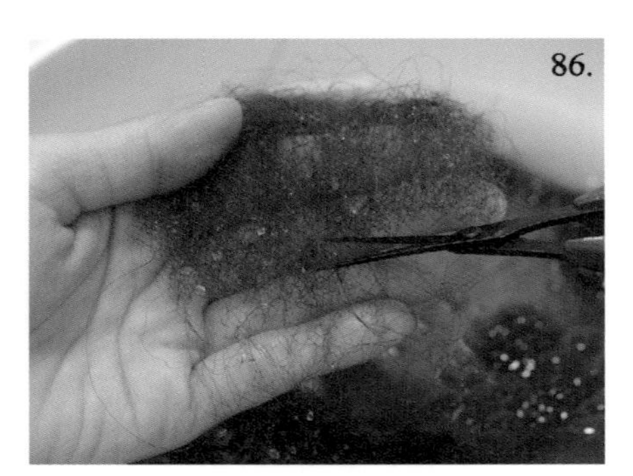

無法解開的髮尾不要硬拉拔開，直接剪掉。

依照髮尾、中間、頭頂的順序用扁梳梳開，整理髮流。

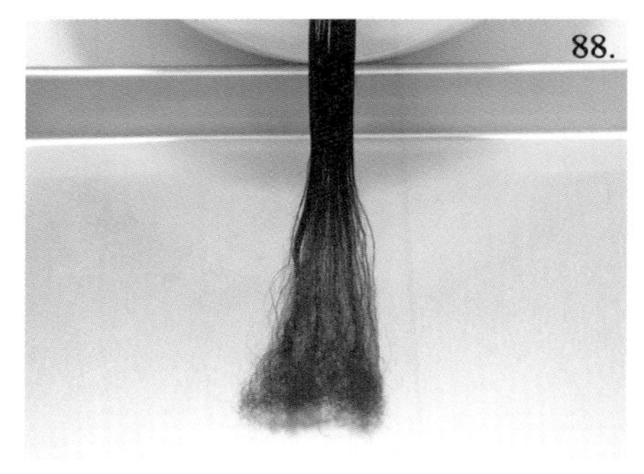

打結的頭髮鬆開，髮流變整齊。這個步驟請一束一束慢慢處理。

全部的髮流都整理好後，輕輕擦去水分。

用尖尾挑起一束頭髮，量太多會無法平均受熱，難以變得直順，所以請少量整燙。

用扁梳梳直。

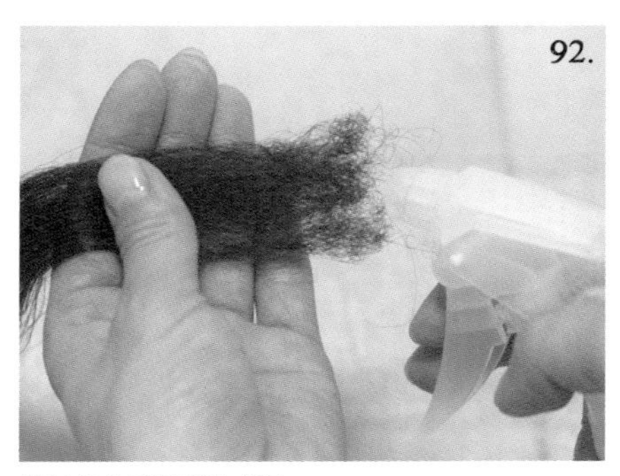

將縮起的髮尾稍微噴濕。
※ 劣化嚴重的頭髮可能會斷裂，從不明顯的部分確認狀態開始修復。

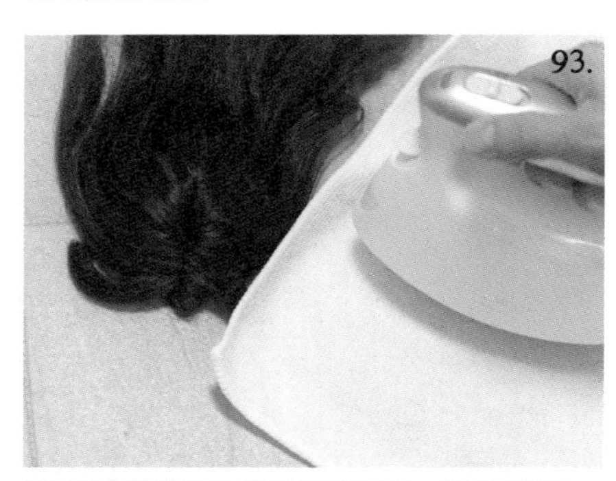

連同墊布伴隨蒸氣用熨斗壓燙加熱，將頭髮燙直。

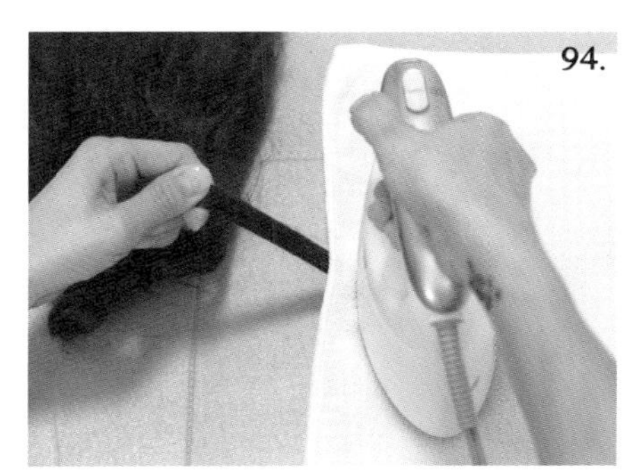

無法燙直時，蓋著墊布，用熨斗壓著頭髮固定後，將頭髮拉直。

捲縮的頭髮變直了。

劣化嚴重的頭髮可能會斷裂，從不明顯的部分確認狀態開始修復。

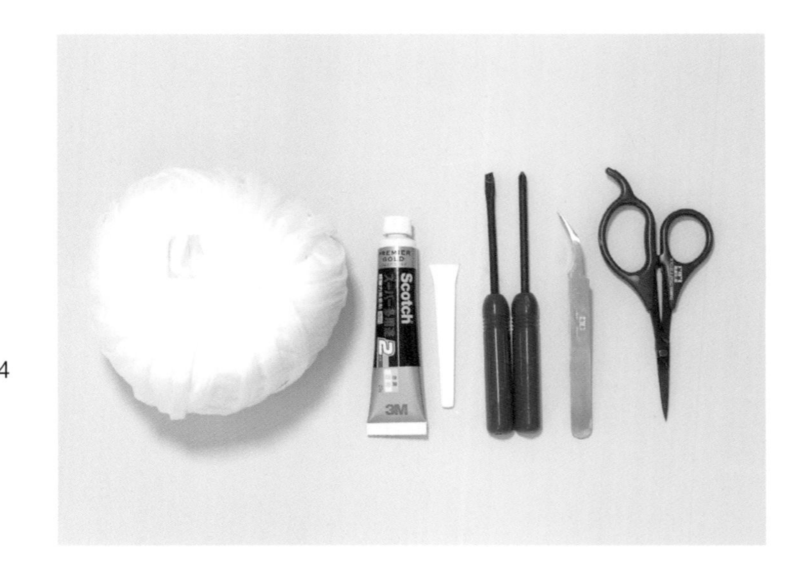

Material 04

塑膠繩
超強接著劑
抹刀
十字起子
一字起子
鑷子
剪刀

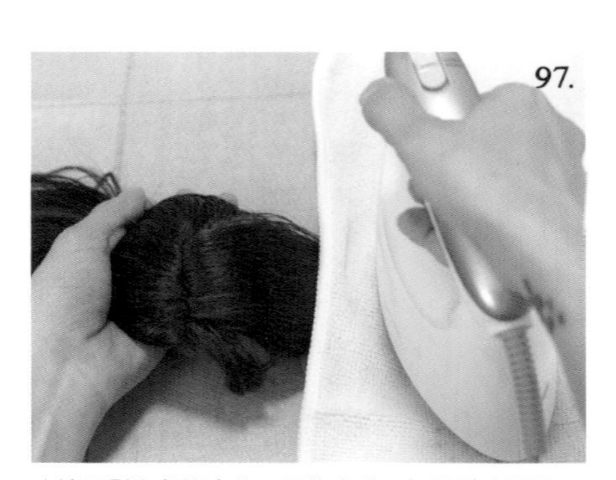

右邊頭髮全部燙直後，再集合成一把用熨斗壓燙，平整全部的髮流。

左邊、後面的頭髮都用相同的方法燙直。

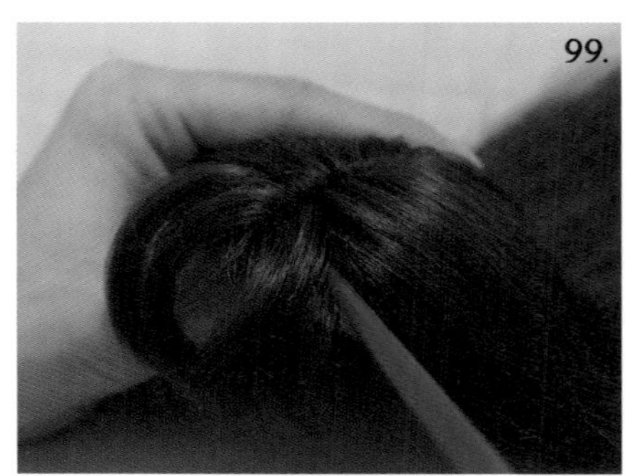

用尖尾劃分出瀏海和後面頭髮的分線。

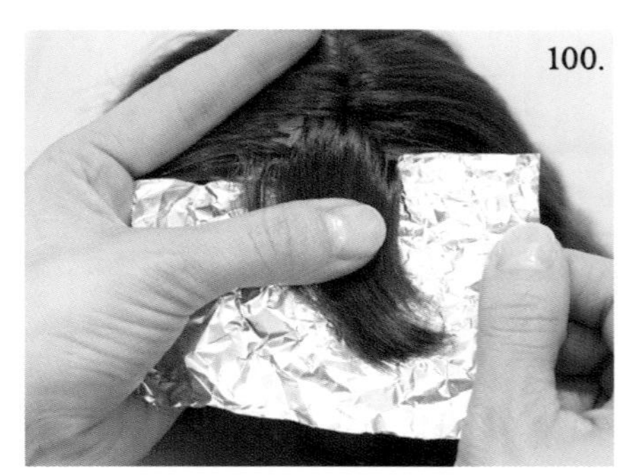

將瀏海髮根拉直放在鋁箔紙上。

將鋁箔紙左右對摺夾住瀏海。

將頭髮往右側般向內側捲一圈。

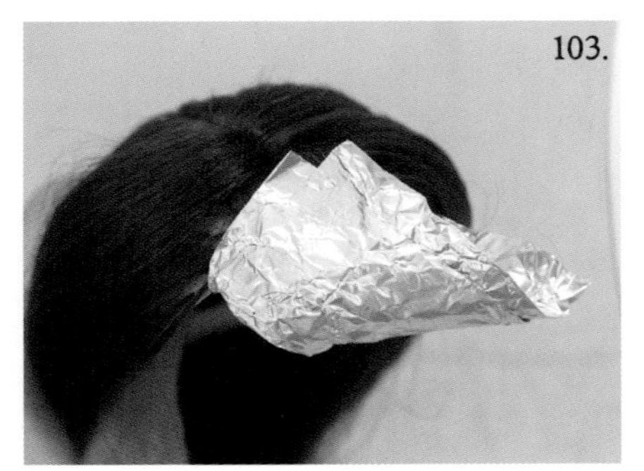

用熨斗蒸氣燙過，固定瀏海捲度。

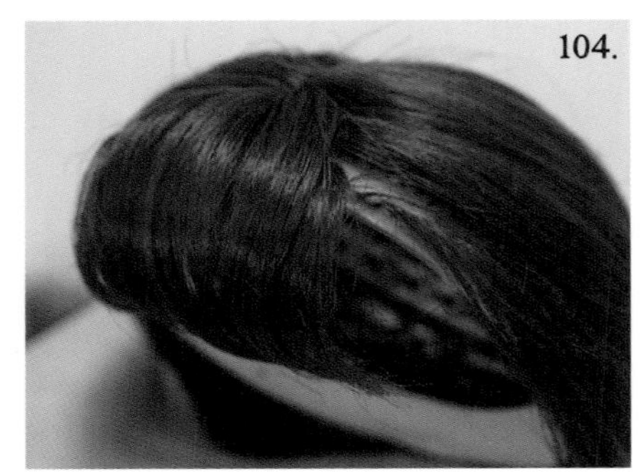

瀏海也變漂亮整齊了。

噴上矽質橡膠保護噴劑後梳順。

After

接起折斷的頸部，破損的軀幹完好如初。毛捲頭髮不重新更換植髮，而是修復成美麗直髮。從令人感到絕望的外觀，修復成如新品般的亮眼。

106.

變成令人難以置信的美麗直髮。

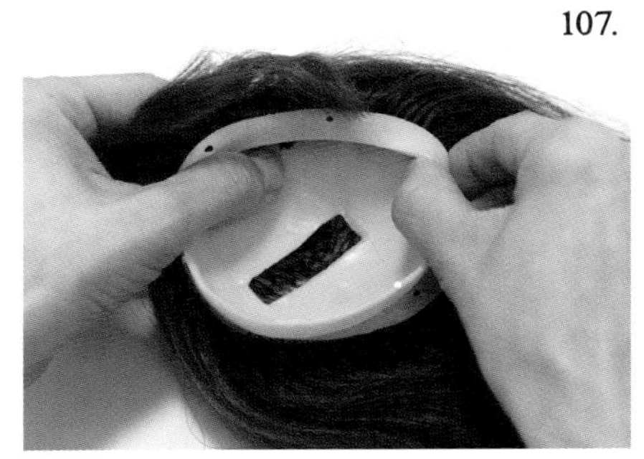

107.

基底的塑膠零件蓋住頭皮裝回原處。

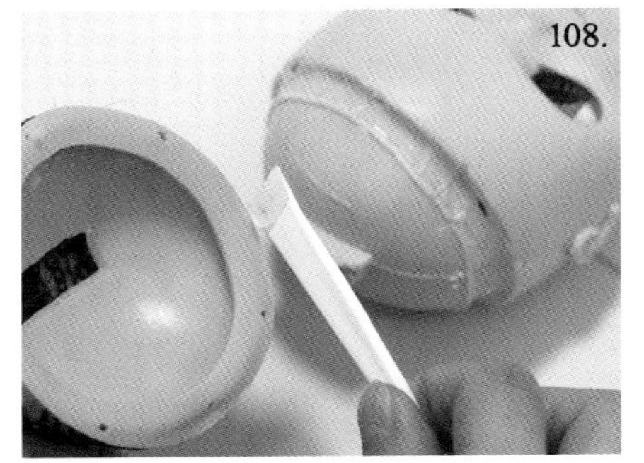

108.

將接著劑平均地薄塗在頭皮以及臉部零件，放置約 5 ～ 10 分鐘。

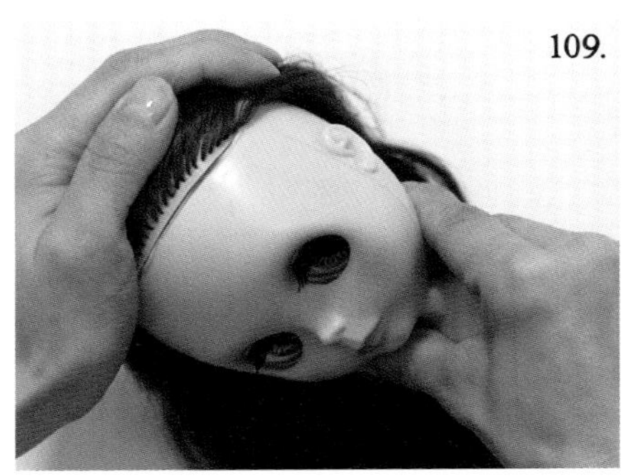

109.

一邊確認位置，一邊從兩側施力黏合。

110.

用塑膠繩勾住胯部捲繞固定，讓頭皮和臉部之間不要產生縫隙。保持這樣的狀態放置 1 天等到接著劑完全固定。

111.

黏緊後拆除固定的塑膠繩即完成。

How to make〈連身裙〉

① 縫合前上身和後上身的尖摺，縫份往中心倒並且用熨斗燙平。前上身和後上身正面相對縫和肩線，用熨斗燙開縫份。
② 摺起袖口縫份，用熨斗燙平。在袖口疊上蕾絲依喜好超出邊緣 5～7mm 左右，從正面縫線。
③ 在衣袖的碎褶線拉緊鬆緊帶。裁剪出 2 條衣袖用鬆緊帶，在中間標記出 3.8cm 的記號。將鬆緊帶記號和衣袖反面鬆緊帶位置的完成線重疊對齊，縫份到完成線之間，鬆緊帶不拉緊縫合。車縫針和壓線不拆除，將另一側的完成線和鬆緊帶記號對齊，拉緊鬆緊帶沿著鬆緊帶縫合線持續縫合。完成線到縫份之間，鬆緊帶不拉緊縫合後，剪掉多餘的鬆緊帶。
④ 用手縫將衣領用蕾絲縫在縫份上，收緊碎褶至 8cm 左右。將蕾絲正面相對放在上身領圍輪廓線，一邊留意平均碎褶，一邊對齊並且疏縫，再沿著領圍輪廓線縫線。在上身領圍縫份剪出牙口，縫份往反面倒，用熨斗整燙。領圍縫份加上壓縫線。
⑤ 在袖山抽出碎褶，和上身袖圍正面相對縫合。抽出碎褶線，袖口～側邊正面相對縫合，在縫份剪出牙口。
⑥ 依照完成線摺出裙片下段的裙襬並且縫線。想依喜好添加蕾絲時，縫製方法和袖口相同。在上面縫份抽出碎褶，和裙片上段裙襬正面相對縫合。抽出碎褶線，縫份往上倒，用熨斗整燙並且加上壓縫線。
⑦ 在裙片上段縫份抽出碎褶，和上身衣襬正面相對縫合，抽出碎褶線，縫份往上身倒，用熨斗整燙並且在上身腰圍加上壓縫線。
⑧ 後開口縫份摺至開口止點稍下處，用熨斗燙平加上疏縫線。後開口和魔鬼氈對齊縫至開口止點。縫合時魔鬼氈公扣左側超出布料邊緣，而魔鬼氈母扣右側邊緣也要縫合固定。
⑨ 裙片後中心正面相對從裙襬縫至開口止點。縫份用熨斗燙開，裙襬縫份加上壓縫線。
⑩ 將本體翻回正面。

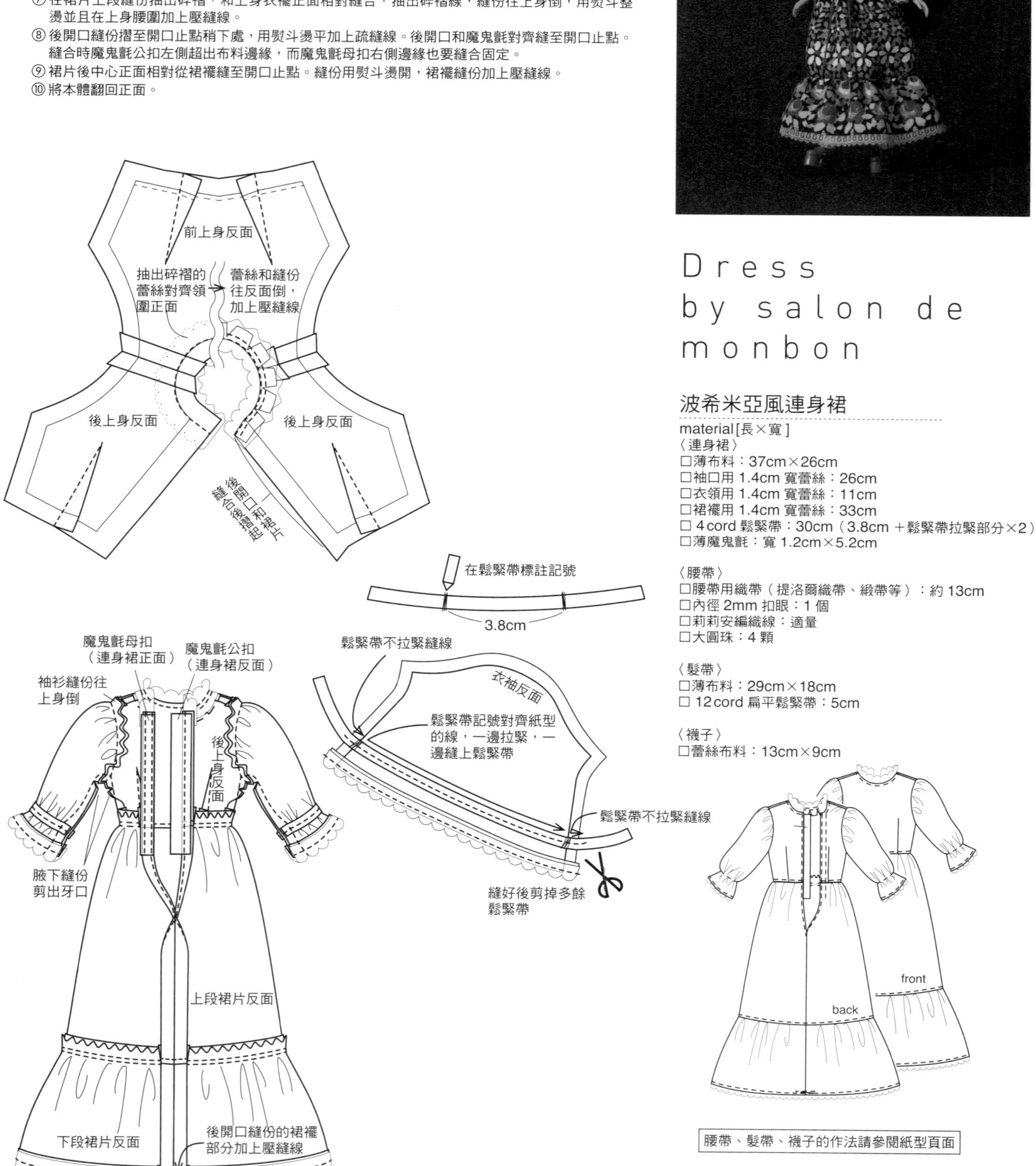

Dress by salon de monbon

波希米亞風連身裙

material［長×寬］

〈連身裙〉
- □薄布料：37cm×26cm
- □袖口用 1.4cm 寬蕾絲：26cm
- □衣領用 1.4cm 寬蕾絲：11cm
- □裙襬用 1.4cm 寬蕾絲：33cm
- □ 4cord 鬆緊帶：30cm（3.8cm ＋鬆緊帶拉緊部分×2）
- □薄魔鬼氈：寬 1.2cm×5.2cm

〈腰帶〉
- □腰帶用織帶（提洛爾織帶、緞帶等）：約 13cm
- □內徑 2mm 扣眼：1 個
- □莉莉安編織線：適量
- □大圓珠：4 顆

〈髮帶〉
- □薄布料：29cm×18cm
- □ 12cord 扁平鬆緊帶：5cm

〈襪子〉
- □蕾絲布料：13cm×9cm

腰帶、髮帶、襪子的作法請參閱紙型頁面

Handmaid Miniature Accesories

製作迷你小物！

「連帽衣和休閒小物」

by 紅色相機

黏土娃

帽子、包包和口罩。
黏土娃等迷你娃娃可以使用的小物大集合！！
因為尺寸迷你，建議大家也可以手縫製作。

連帽衣的作法請參閱卷末的紙型頁面

最適合圓弧髮型
配戴的棒球帽。

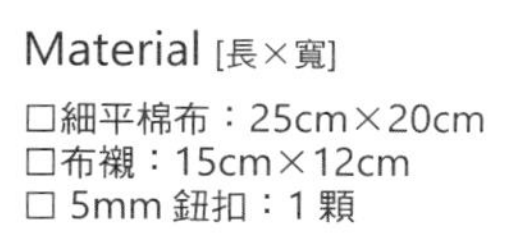
Material [長×寬]

□細平棉布：25cm×20cm
□布襯：15cm×12cm
□ 5mm 鈕扣：1 顆

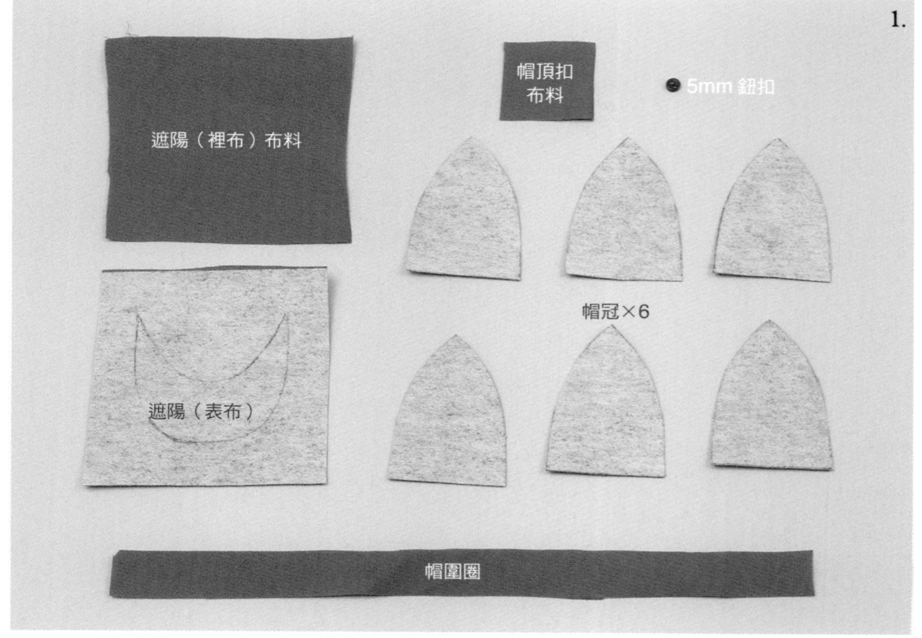

材料準備好後，在 6 片帽冠和遮陽表布貼上布襯。帽圍圈（1.5cm×20cm）使用斜紋剪裁布料。

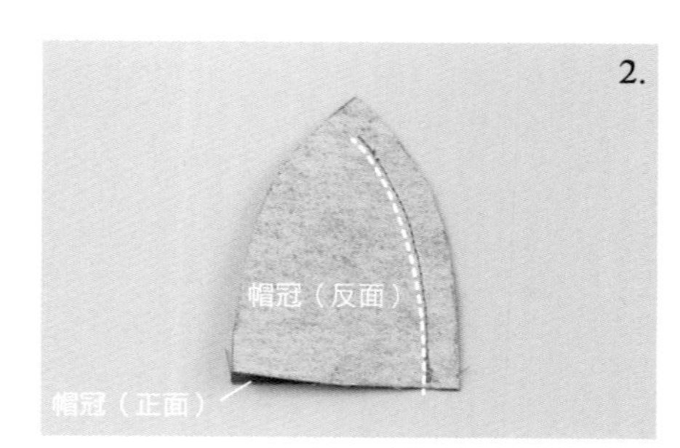

2 片帽冠正面相對重疊只縫合一邊。

接著縫合第 3 片帽冠。

將 6 片帽冠縫合完成後的樣子。

將邊緣縫合連成帽冠。

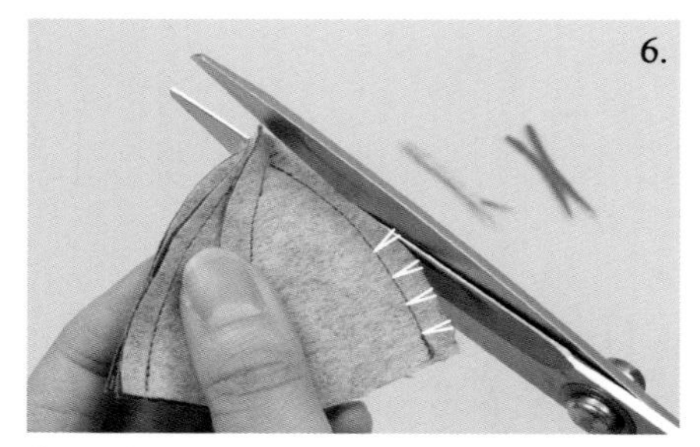

將縫份寬度剪成 2-3mm，剪掉前端，在弧線剪出牙口。

用熨斗將縫份燙開。

在帽冠接縫處兩側縫上壓縫線。如果不容易操作，可用布用接著劑固定。

在 3 條接縫處各縫上 2 條壓縫線，共計縫上 6 條壓縫線。

將描有遮陽紙型的表布（貼有布襯）和裡布正面相對重疊，縫合外圍完成線。

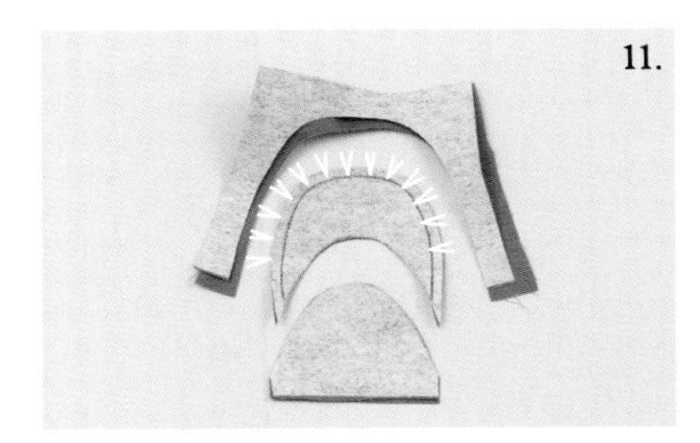

內側為紙型輪廓線位置，外圍留下 2-3mm 縫份後剪掉，在縫份弧線處剪出細小牙口。

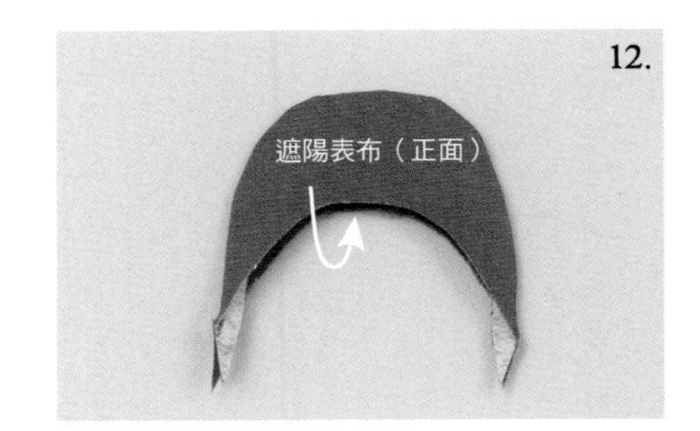

用錐針修整出邊角，翻回正面，用熨斗整燙。

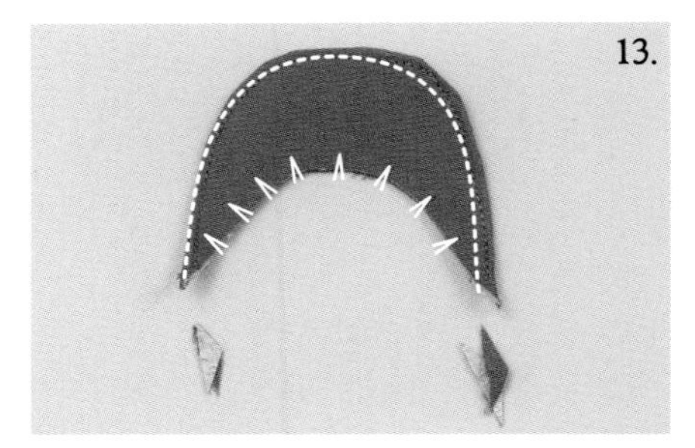

外圍縫上壓縫線，剪掉多餘縫份。在內側弧線處剪出牙口。

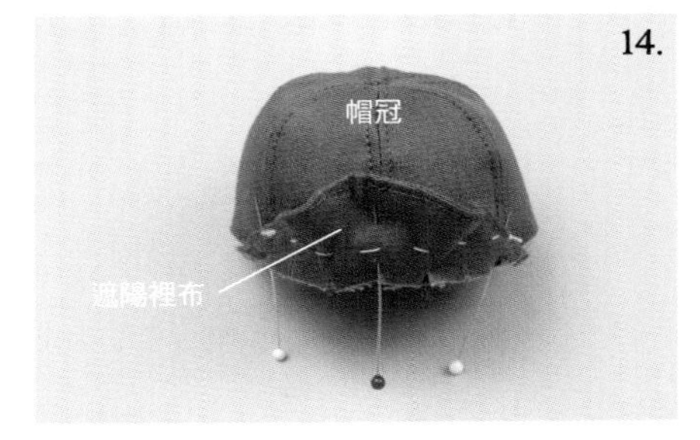

遮陽中心和帽冠中心對齊，用珠針固定，正面相對疏縫。

將帽圍圈（用斜紋剪裁布料剪成 1.5cm×20cm）正面相對重疊其上，用珠針固定。

在完成線位置縫合一圈。

拆除遮陽的疏縫線，將帽圍圈翻回正面，用珠針固定，縫上一圈壓縫線。

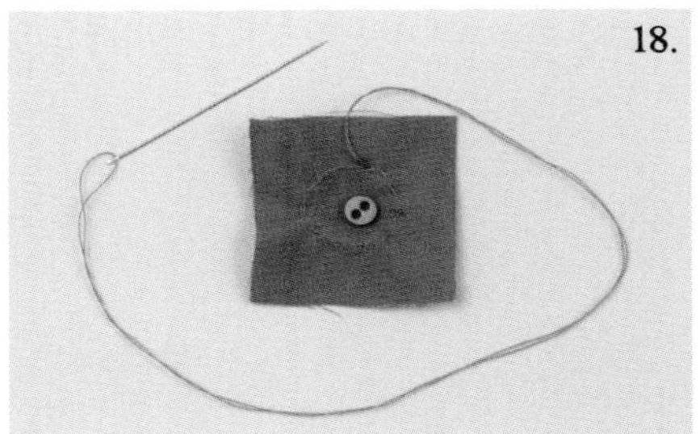

將 5mm 鈕扣放在 3cm 的方形布料，用平針縫在周圍縫出一個大圈。

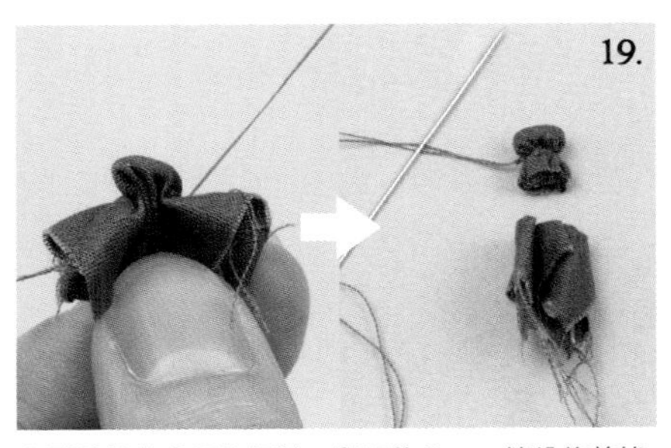

收緊縫線繞多圈後打結，留下約 3mm 縫份後剪掉多餘布料。

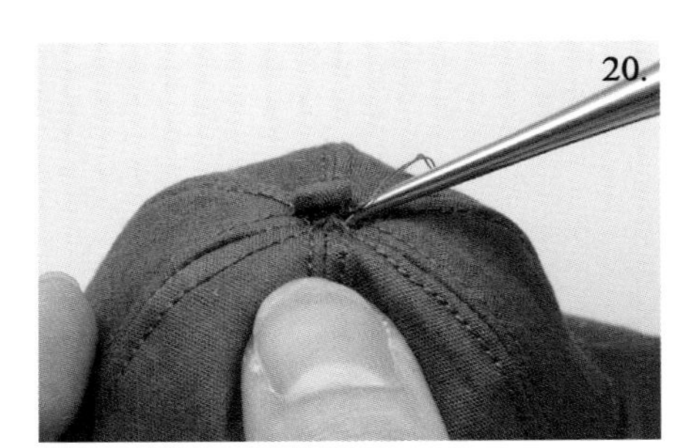

將帽頂扣的縫份塞進帽冠頂的接縫處，用布用接著劑暫時固定。

用邊縫將帽頂扣縫固定，棒球帽完成。

Bucket Hat

休閒漁夫帽，很適合頭部
沒有太多凹凸的娃娃喔！

Material [長×寬]

□棉質被單布：35cm×10cm
□布襯：25cm×00 cm

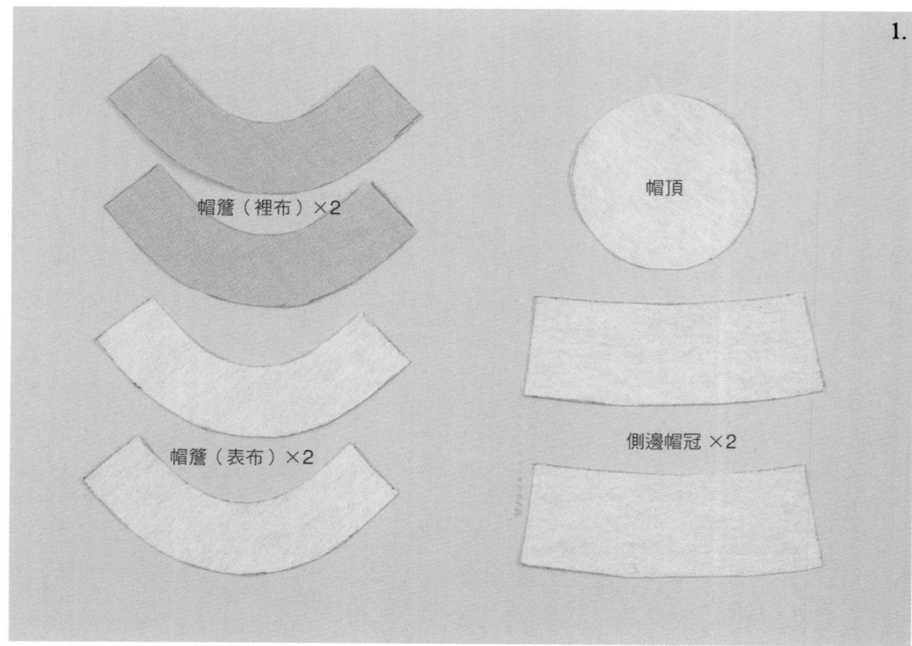

材料準備好後，在帽頂、側邊帽冠和帽簷表布貼上布襯。

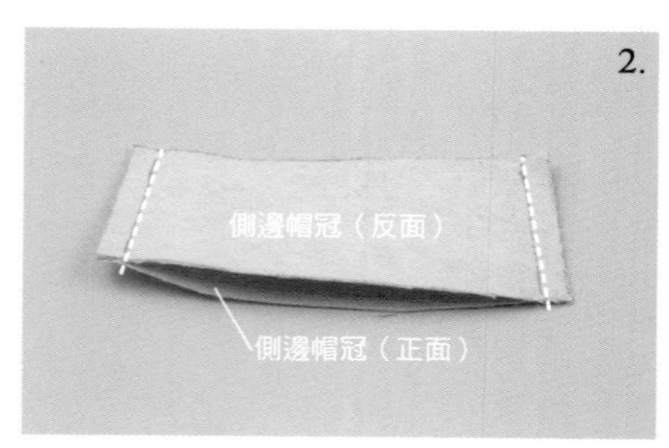

側邊帽冠正面相對縫合。

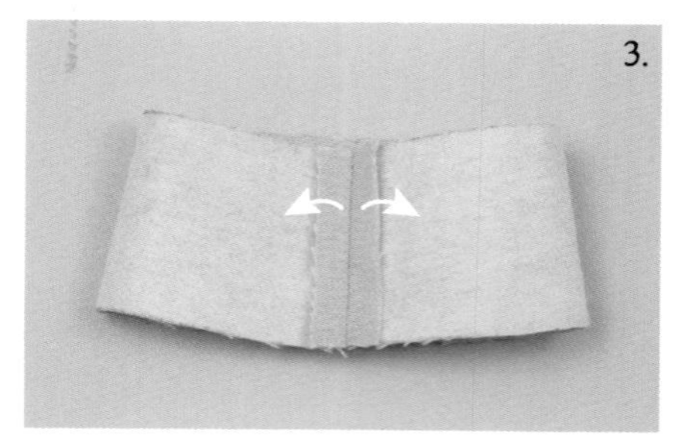

用熨斗燙開縫份。

在縫份兩側縫上壓縫線。

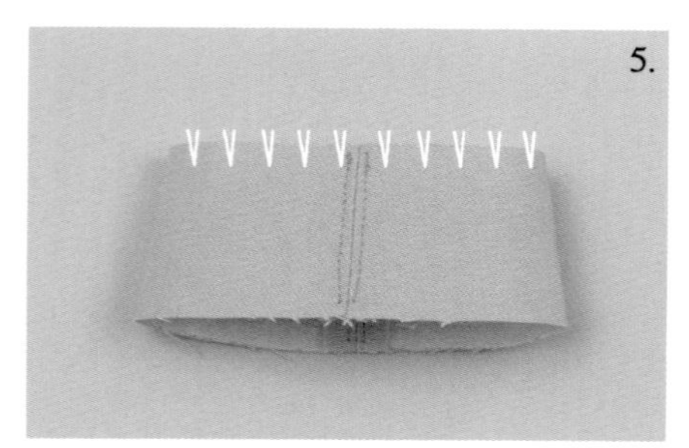

在側邊帽冠上側縫份剪出牙口後翻回正面。

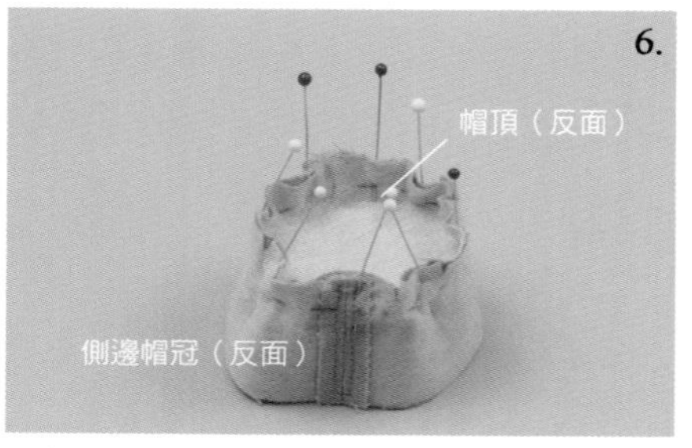

側邊帽冠和帽頂正面相對重疊，用珠針固定。

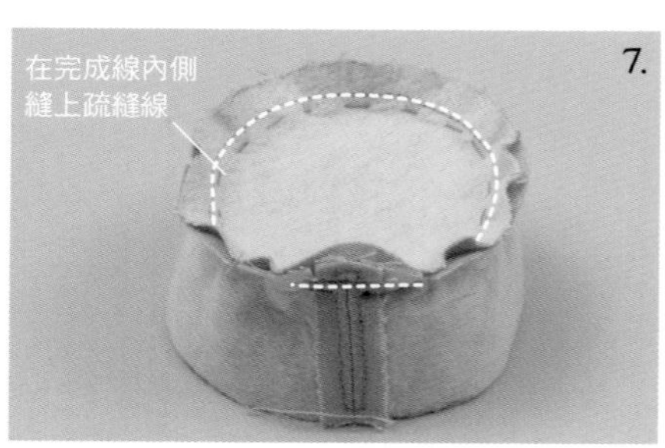

將側邊帽冠疏縫後縫合。

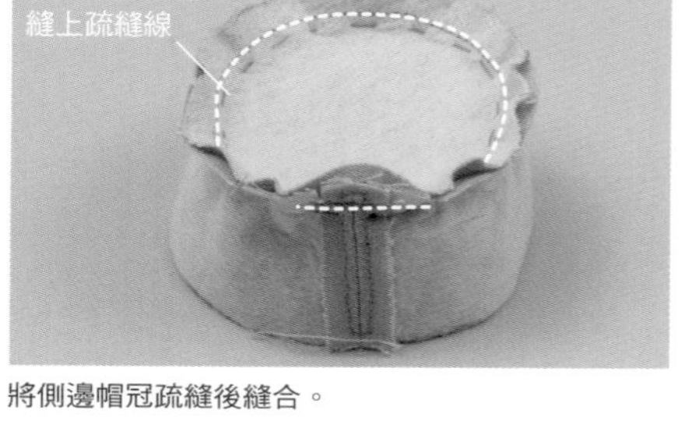

將帽冠翻回正面。

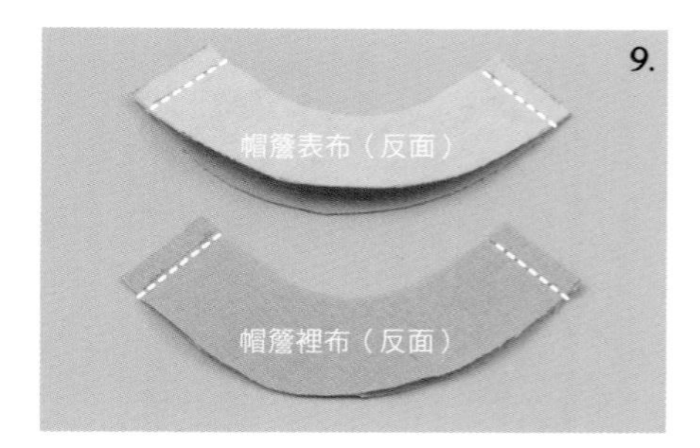

帽簷表布（已貼布襯）正面相對縫合。帽簷裡布也用相同方法縫合。

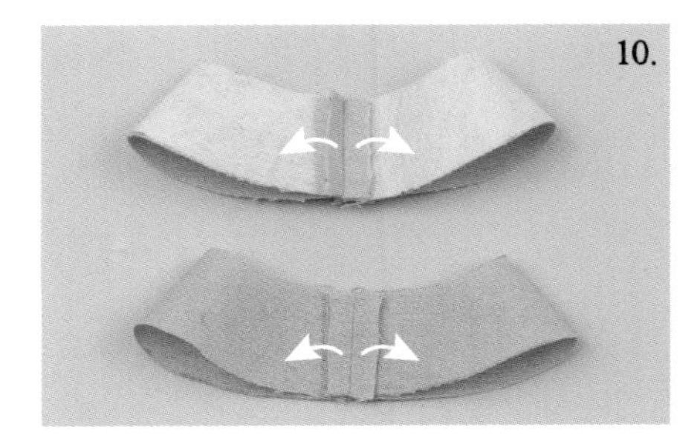

用熨斗燙開縫份。

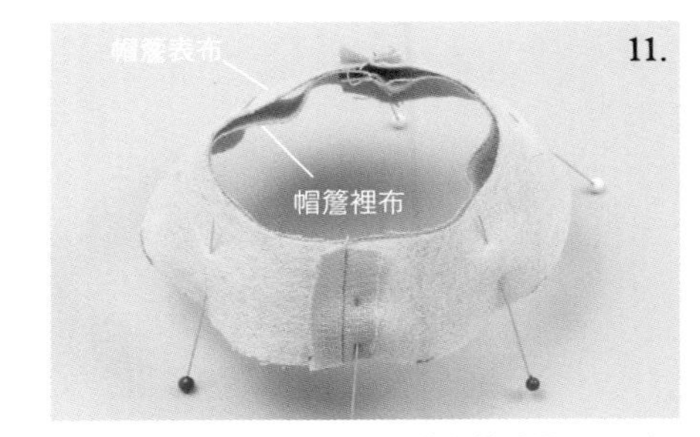

對齊帽簷表布和帽簷裡布的側邊縫線位置，正面相對重疊後用珠針固定。

縫合帽簷外圈。

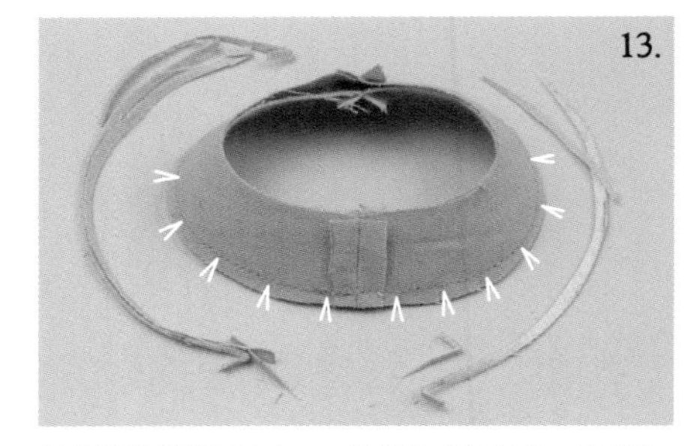

將帽簷縫份留下 2-3mm 後剪掉多餘部分，並且剪出牙口。

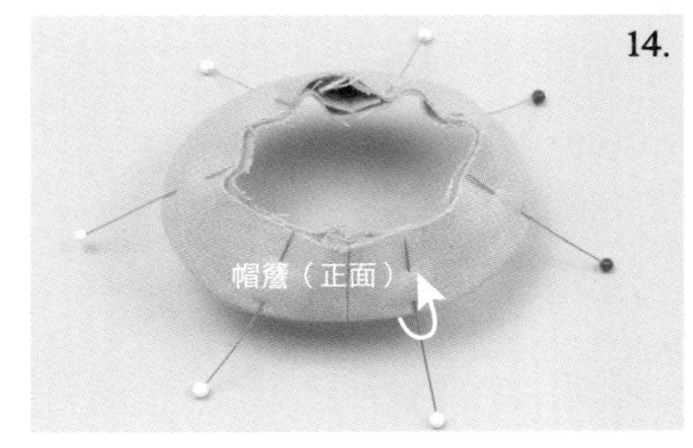

利用錐針等工具修整後，將帽簷翻回正面，並且用熨斗整燙。

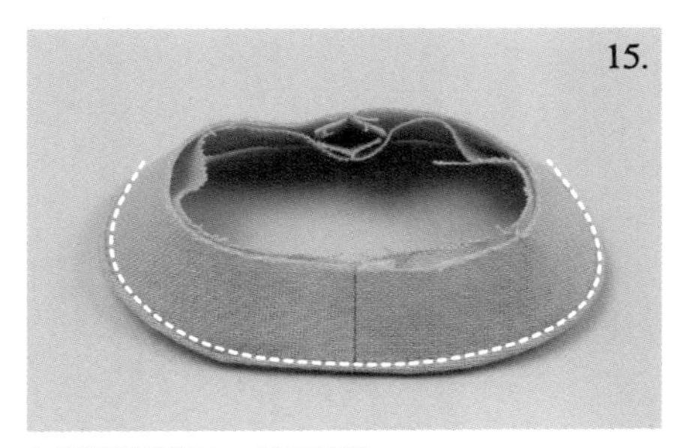

在帽簷邊緣縫上一圈壓縫線。

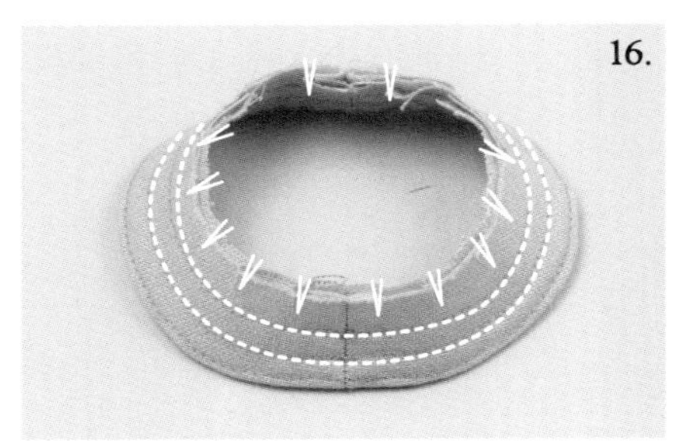

在距離帽簷壓縫線往內側 3mm 和 6mm 的位置加上縫線。在內圈縫份剪出牙口。

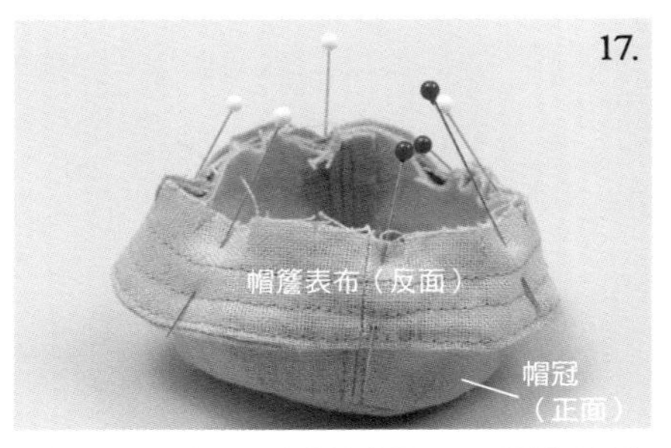

對齊帽冠和帽簷的側邊縫線位置，正面相對重疊後用珠針固定。

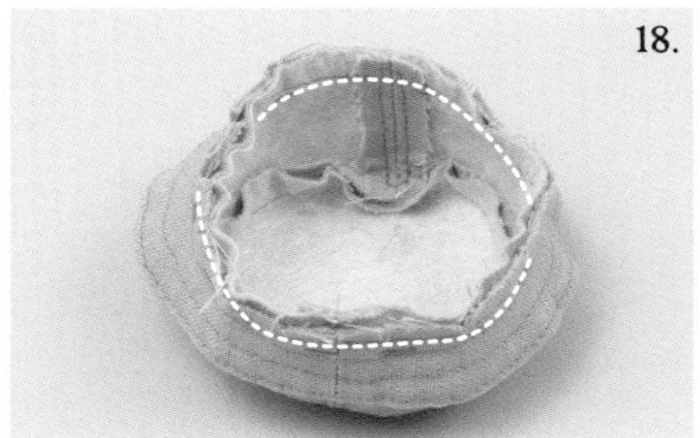

將帽冠和帽簷縫合一圈。

將帽簷翻回正面，縫份往帽冠倒，用熨斗整燙。

在帽冠側邊縫上壓縫線。

Material [長×寬]

□羅紋針織：14cm×9cm

毫無裝飾的簡約款針織帽，
配戴時將帽口向外翻摺也很可愛。

留意布紋描出紙型後裁剪。

帽口往內摺，用珠針固定後用熨斗壓燙。

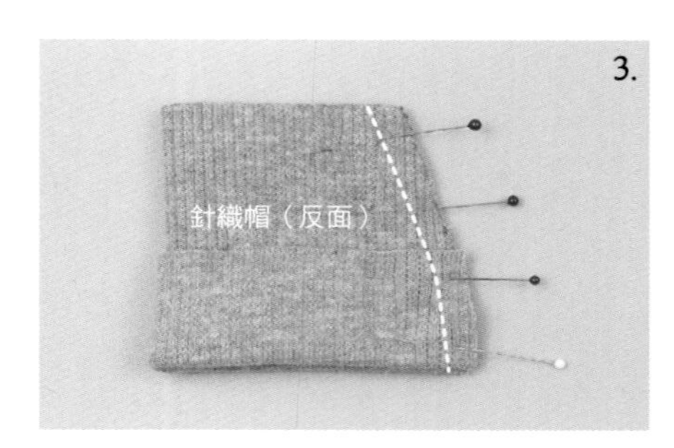

接著縱向對摺，沿著完成線縫合。

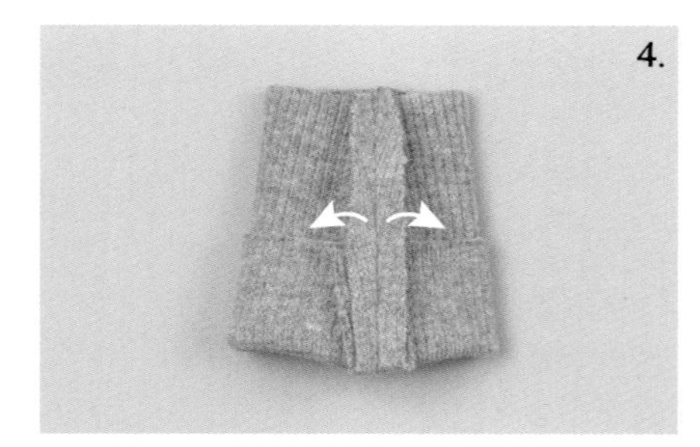

用熨斗將縫份打開。

用平針縫縫製帽子上側的完成線。

用平針縫縫製一圈。

收緊縫線固定。

將縫線繞 2～3 圈後打結固定。

翻回正面，針織帽完成。

Face Mask

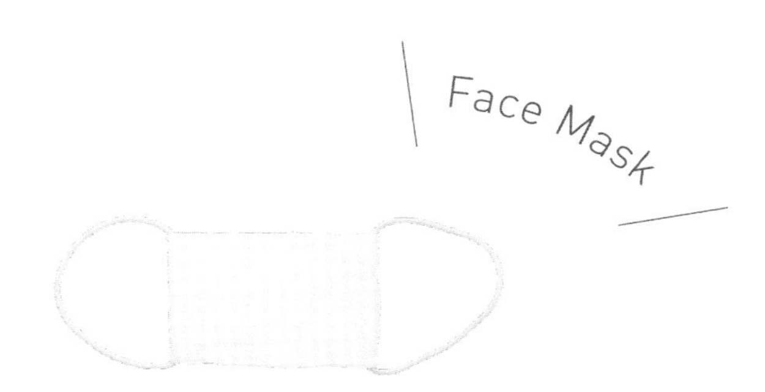

用紗布做的迷你口罩，
用手縫也可輕鬆完成。

Material [長×寬]

□細平棉布：4cm×3cm
□彈性拷克線：20cm

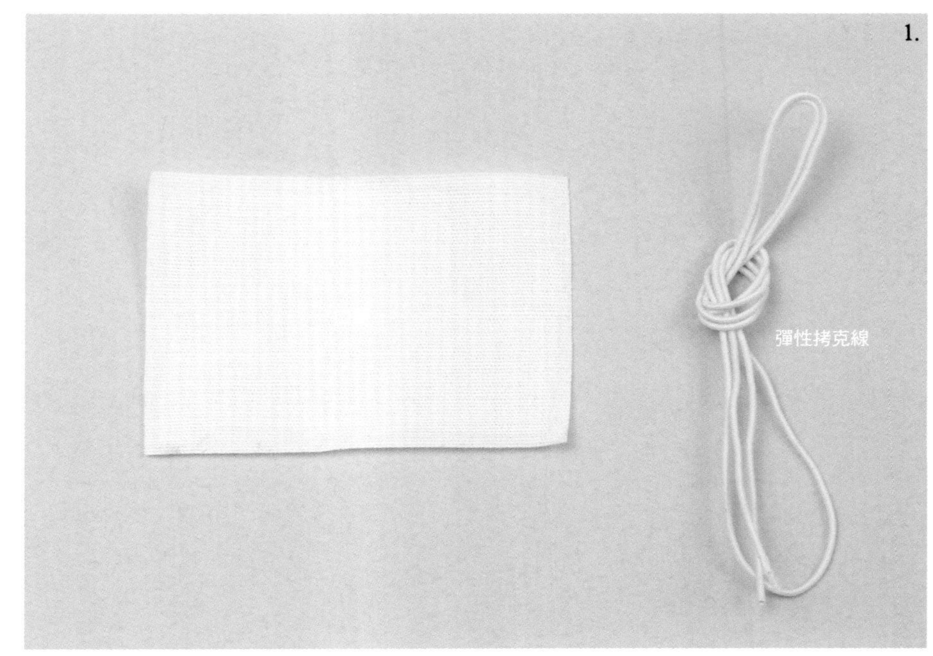

布料裁剪好後，邊緣先塗上防綻液。

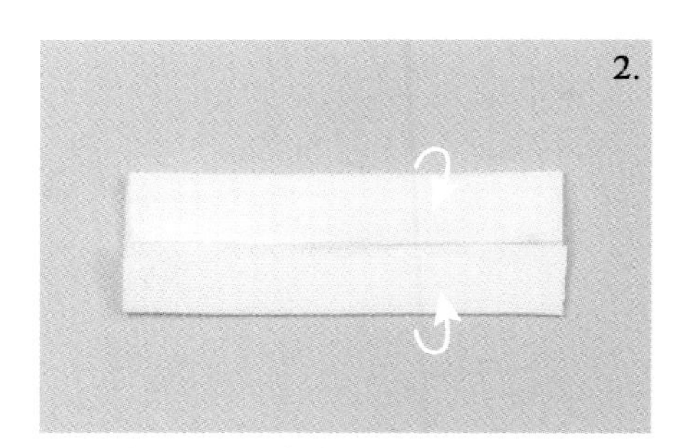

先摺出上下縫份，再摺出左右縫份後，用熨斗壓燙。

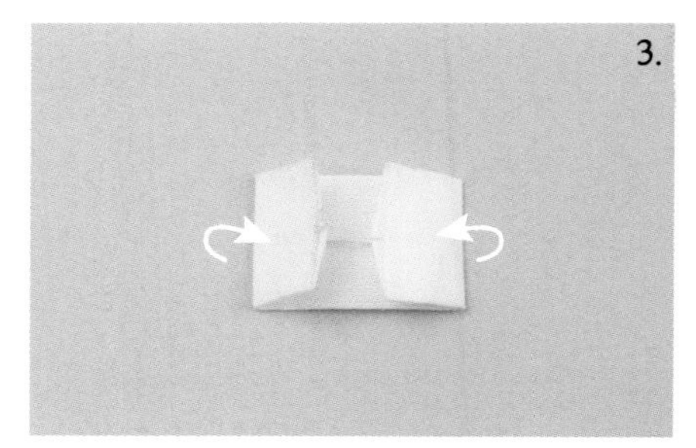

左右空出 3mm 以便穿過彈性拷克線，在四邊縫上一圈縫線。

縫上縫線的樣子。

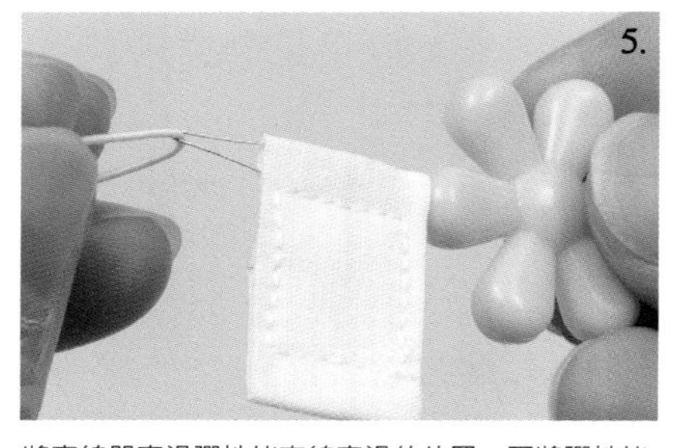

將穿線器穿過彈性拷克線穿過的位置，再將彈性拷克線穿過穿線器。

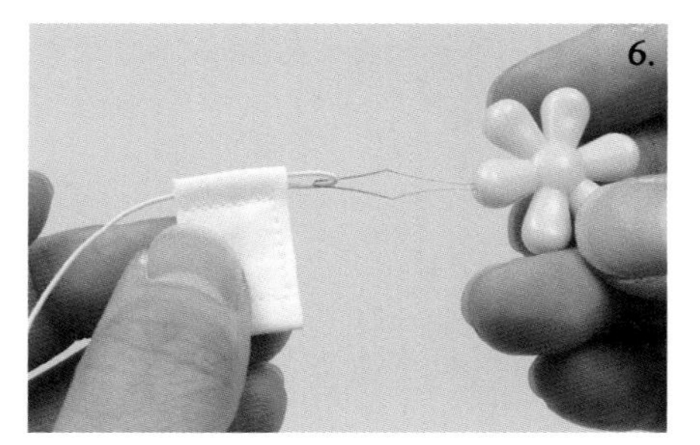

拉動穿線器使彈性拷克線穿過口罩。

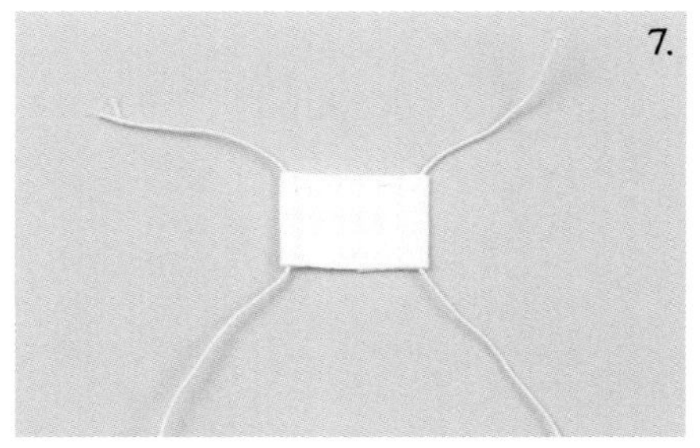

左右邊都穿過彈性拷克線後，剪成約 8cm 長度。

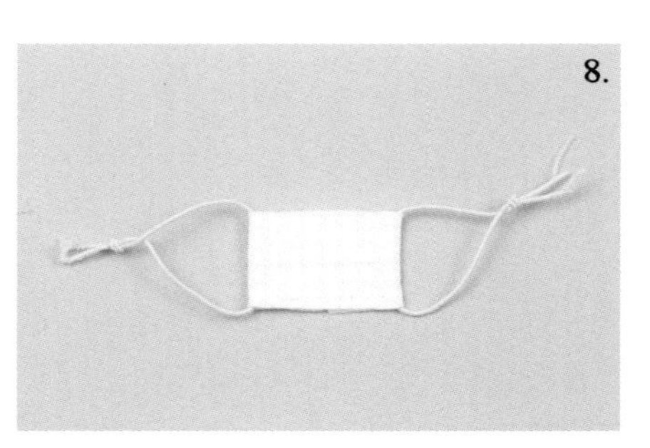

將彈性拷克線打結，試戴在娃娃的耳朵上再調整彈性拷克線長度。

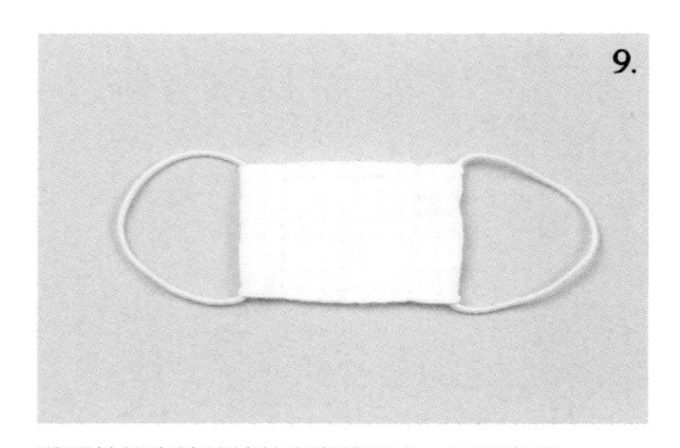

將彈性拷克線的線結塞進縫份中，口罩完成。

Clear Bag

夏季休閒風格的重點配飾，
大玩編繩和緞帶的色彩遊戲。

Material [長×寬]

- □ PV 材質：4cm×6cm
- □編繩：15cm
- □ 3mm 寬緞帶：6cm

1.

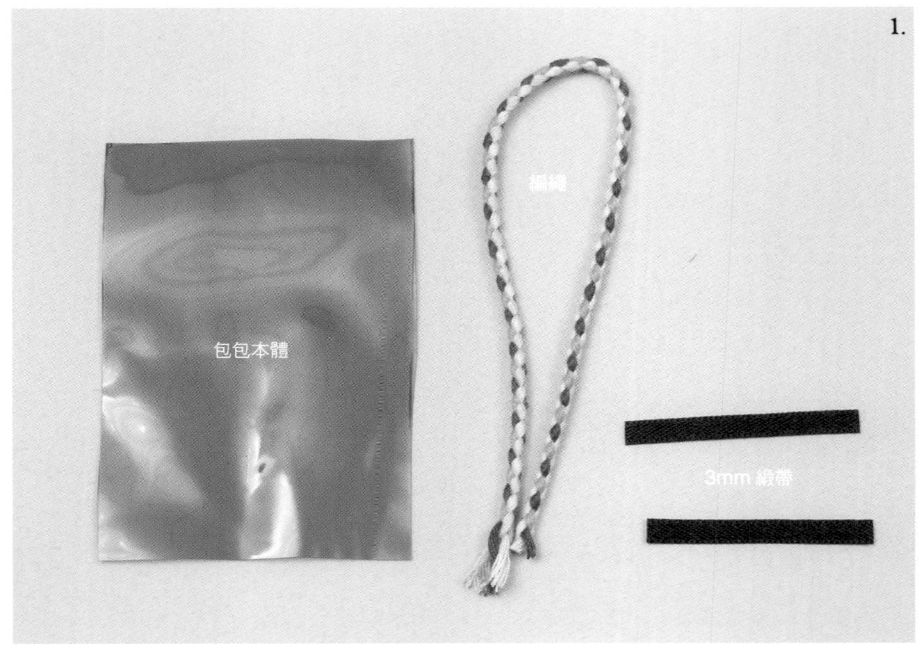

準備材料。建議在車縫 PV 材質時，使用矽膠壓布腳或墊一層紙。

2.

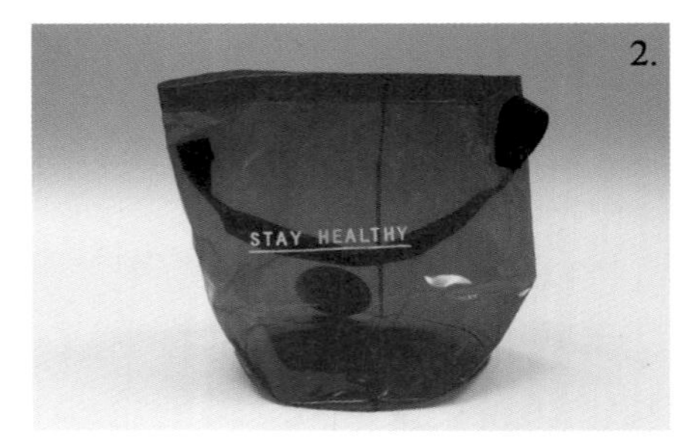

在布料店也很難找到薄的有色 PV 材質，所以建議大家可以利用廉價商店等販售的商品裁剪使用。

3.

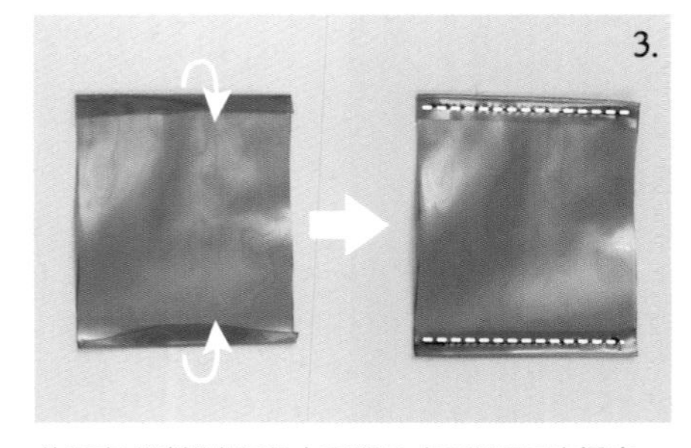

依照完成線摺出包包上下縫份（用指甲固定摺痕，絕不可以用熨斗壓燙），並且加上縫線。

4.

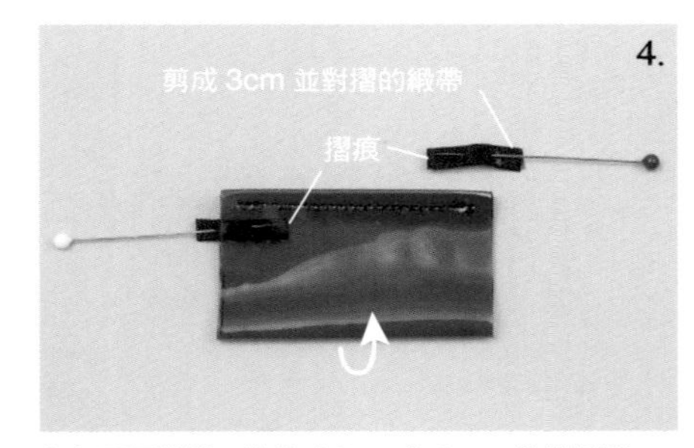

包包正面對摺。將剪成 3cm 的 3mm 緞帶對摺，摺痕朝內，夾進包包開口的縫份下方。

5.

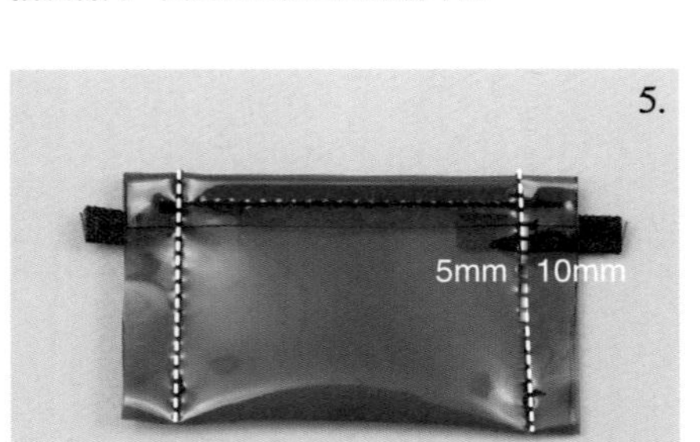

將 3mm 緞帶的摺痕側擺放在超出完成線 5mm 的位置後，在包包左右邊縫線固定。

6.

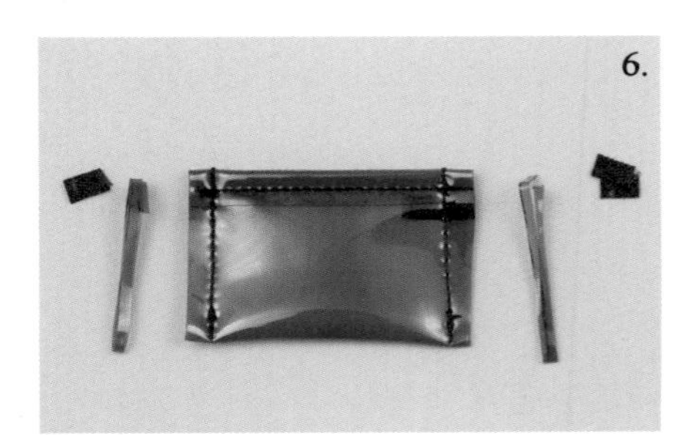

縫份留下 2-3mm 後剪掉多餘部分。

7.

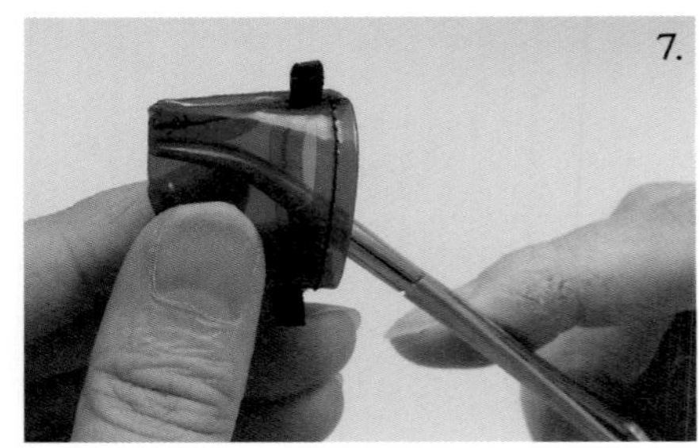

用返裡鉗等工具將包包翻回正面。

8.

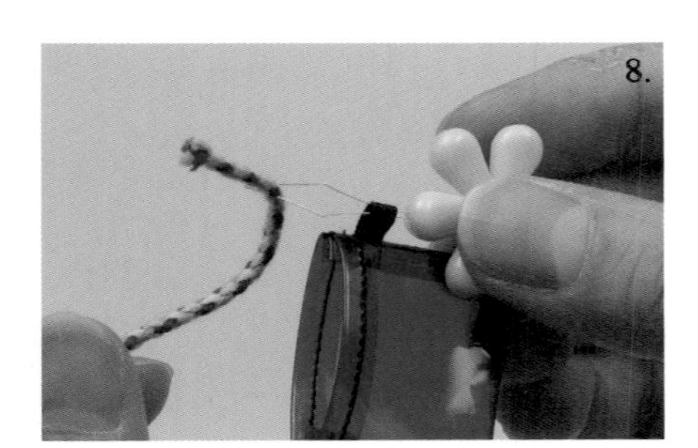

使用穿線器等用品將編繩穿過 3mm 緞帶。

9.

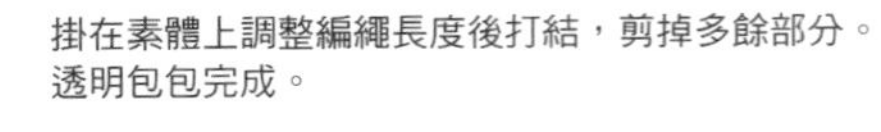

掛在素體上調整編繩長度後打結，剪掉多餘部分。
透明包包完成。

Knapsack

背包可放進替換和附屬零件，
真想讓黏土娃背看看。

Material [長×寬]

- □染色條紋布料：5cm×12cm
- □ 3mm 寬緞帶：6cm
- □ 6mm 寬緞帶：3cm
- □ Asian Cord 極細：44cm

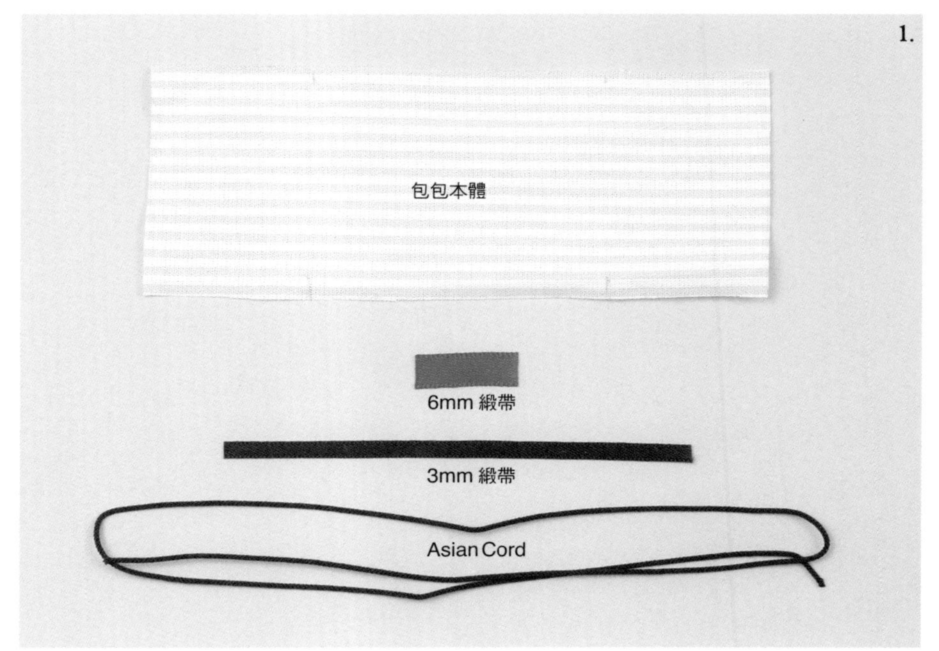

準備材料，並且塗上防綻液。

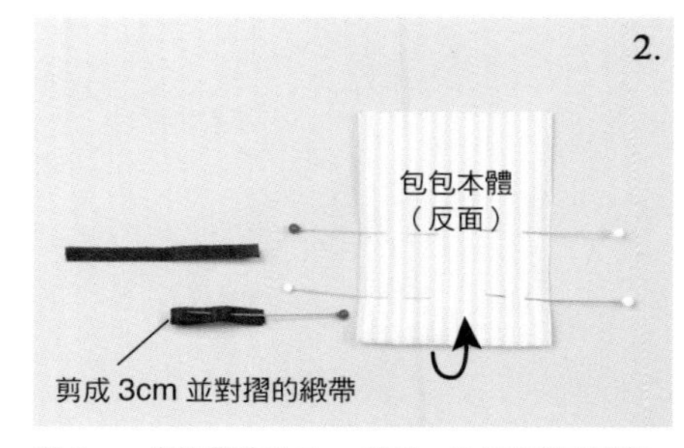

將 3mm 寬緞帶剪成 3cm 對摺，包包本體正面對摺，用珠針固定在縫合止點的位置。

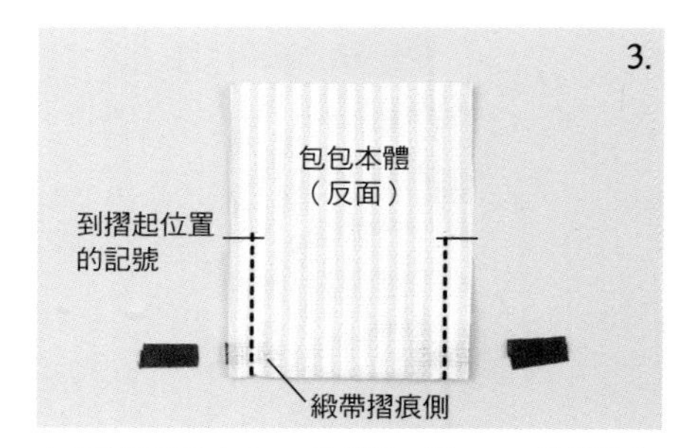

在摺痕位置插入 3mm 寬緞帶，將 3mm 緞帶摺痕側擺放在超出完成線 5mm 的位置後，將包包左右邊縫線。

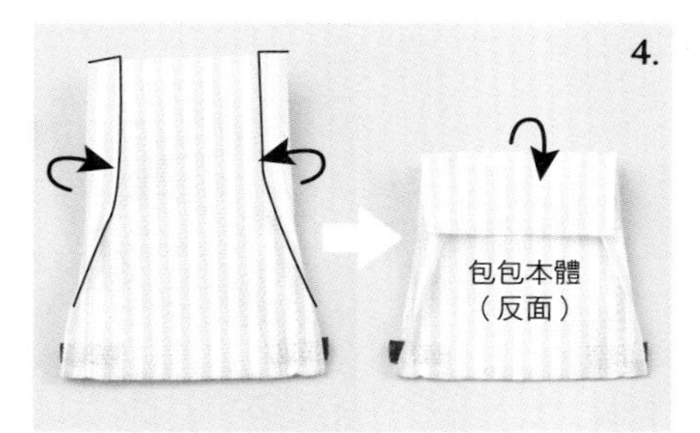

縫份向左右打開，用布用接著劑固定，在摺起位置記號反摺。

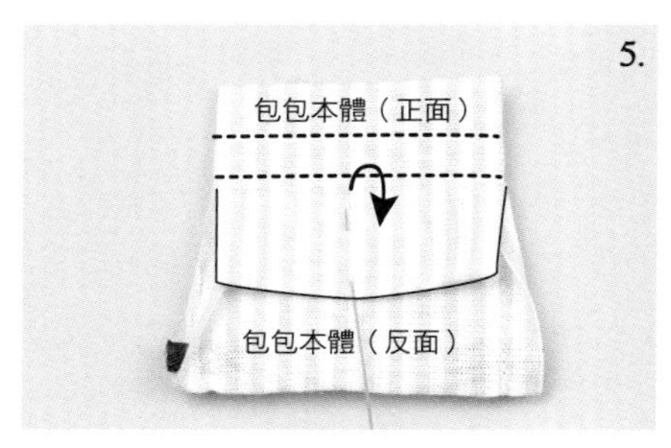

先在一側穿繩位置加上縫線。

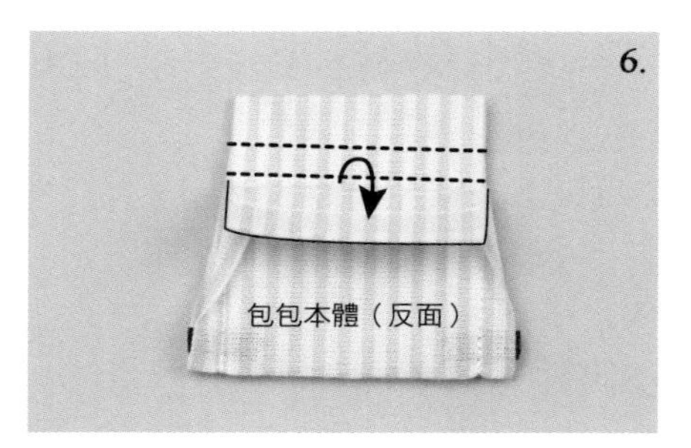

在另一側也用相同方法處理。

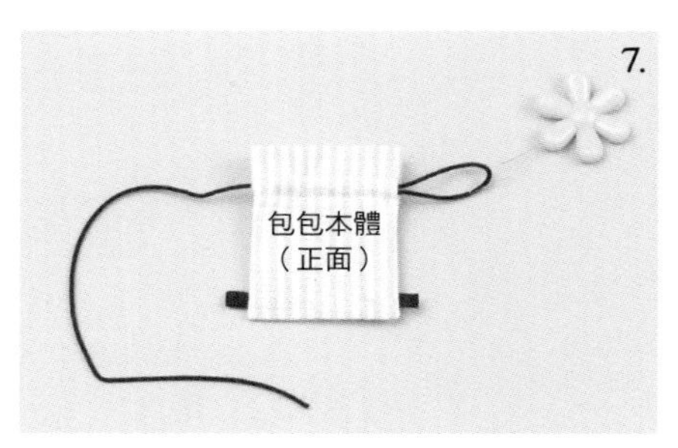

翻回正面，將穿線器插入穿繩位置，穿過 Asian Cord（留 22cm 剪斷）。

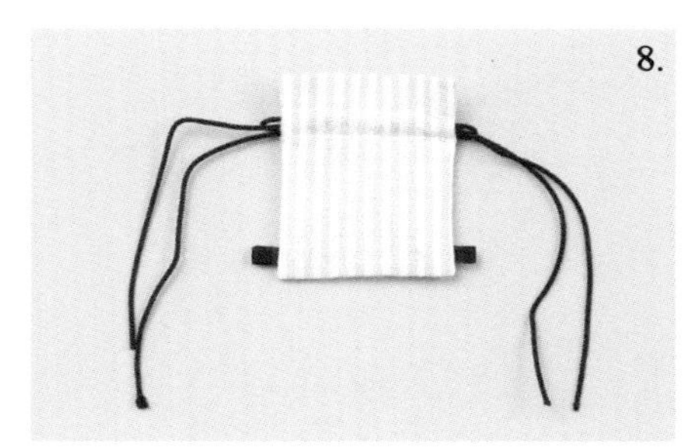

另一側也用相同方法穿繩。

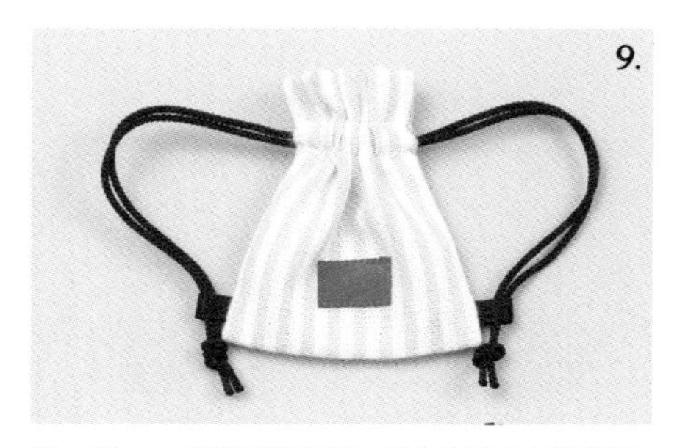

將 2 條 cord 穿過側邊緞帶，背在素體身上調整長度後打結，剪掉多餘部分。依喜好加上緞帶或徽章即完成。

利用列印布，輕鬆製作手工藝！

Print Dress Lesson

DOLCHU

OBITSU 11 尺寸的迷你服飾，
就用列印布和接著劑輕鬆製作吧！
這次的主題是「CAMP STYLE ！」
展示娃娃是 chuchu doll HINA「小紅帽」，
以及嘴角微揚的客製化「CLASSIC SAILOR」。

MAKE-UP&DRESS：DOLCHU

Check!
請先連結 Dollybird 官網下載紙型資料。
http://hobbyjapan.co.jp/dollybird/

請各位先至 Dollybird 官網下載
「CAMP STYLE！」資料，
再於噴墨印表機
放上市售列印專用布
並且設定「100% 尺寸」列印。

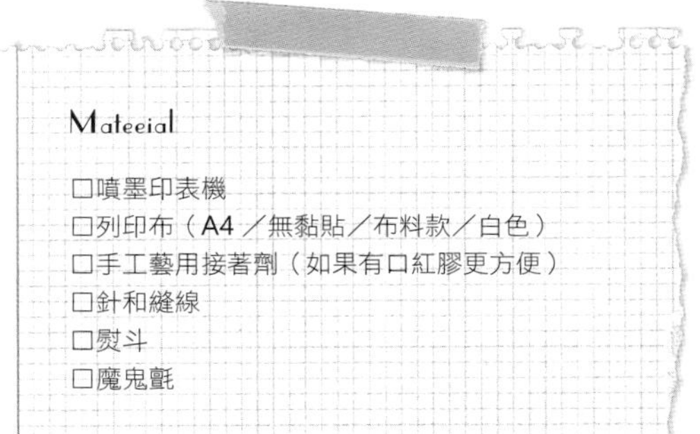

Mateeial

- □噴墨印表機
- □列印布（A4／無黏貼／布料款／白色）
- □手工藝用接著劑（如果有口紅膠更方便）
- □針和縫線
- □熨斗
- □魔鬼氈

將 CLASSIC SAILOR
的頭髮綁成 2 束。

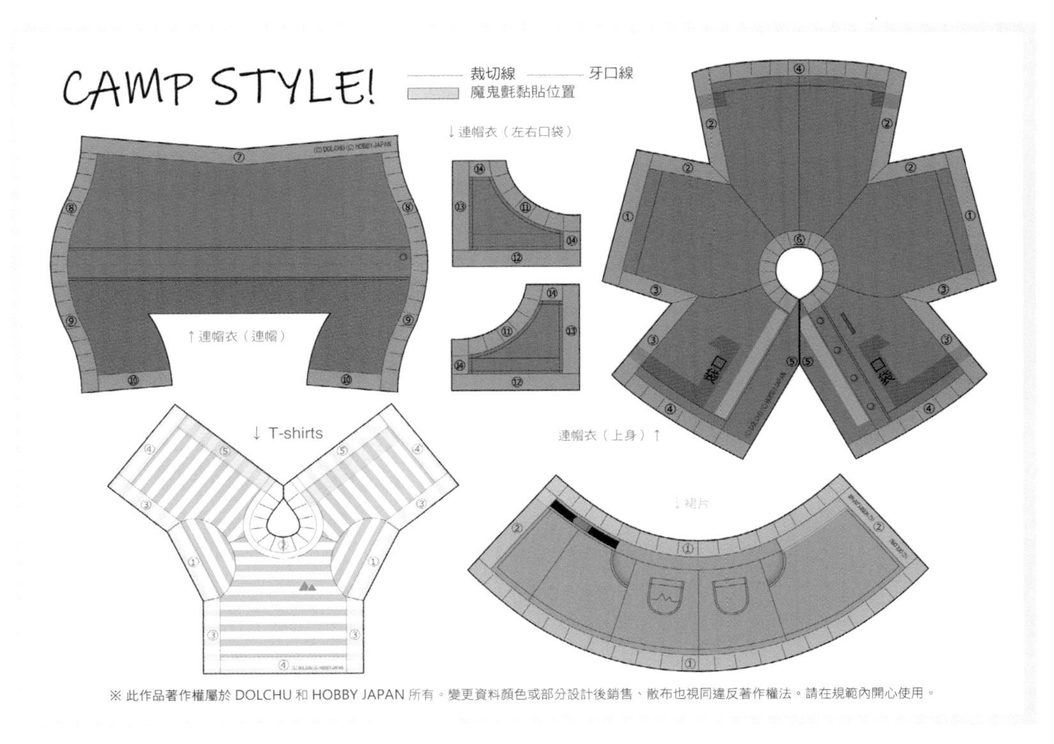

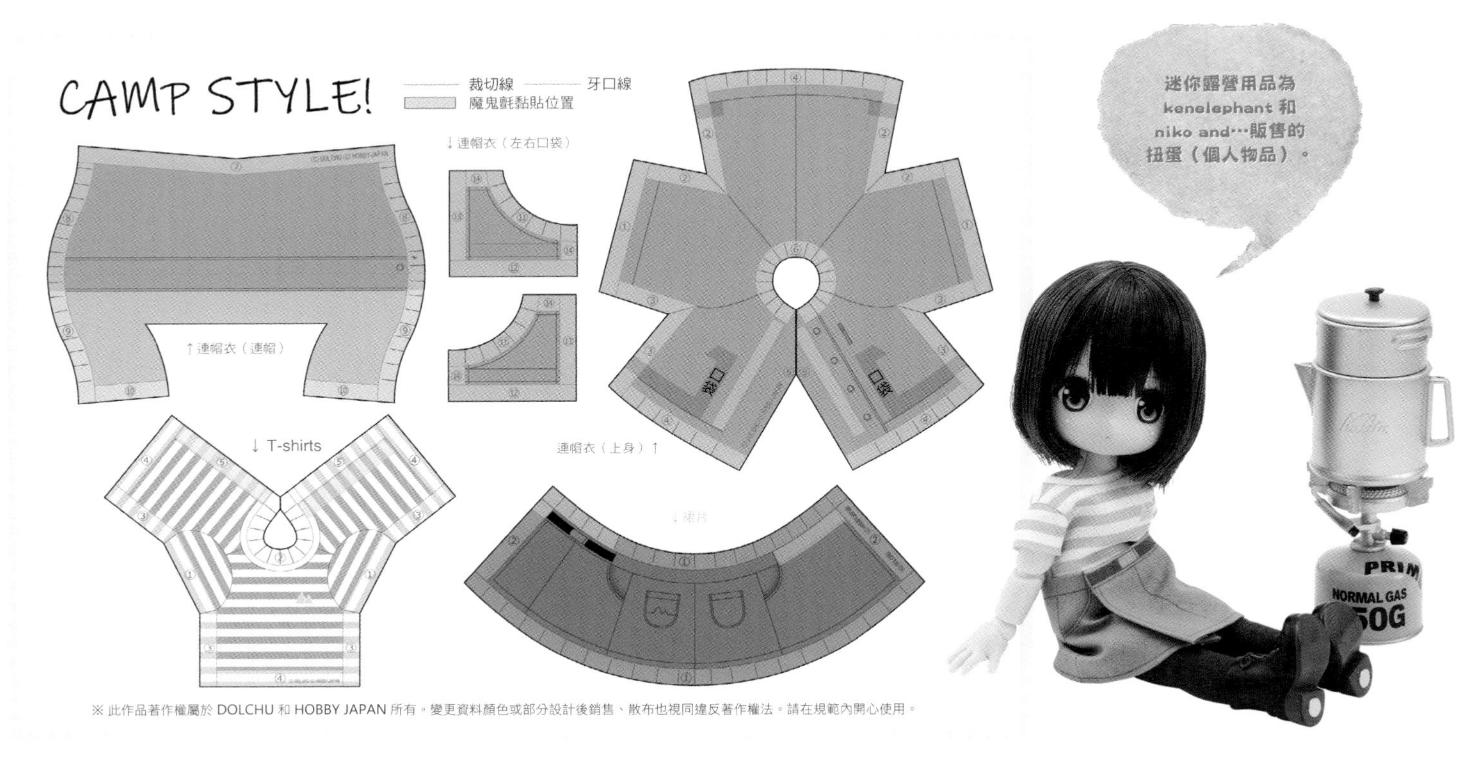

先來製作
連帽衣吧！

HOODIE JACKET

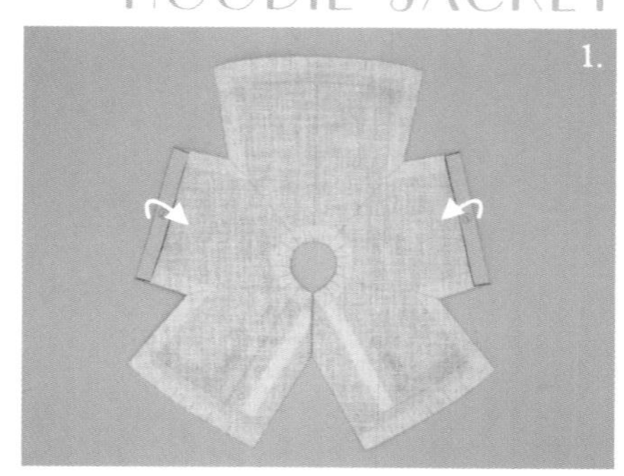

「連帽衣（上身）」袖口①往內側倒，用接著劑黏合。

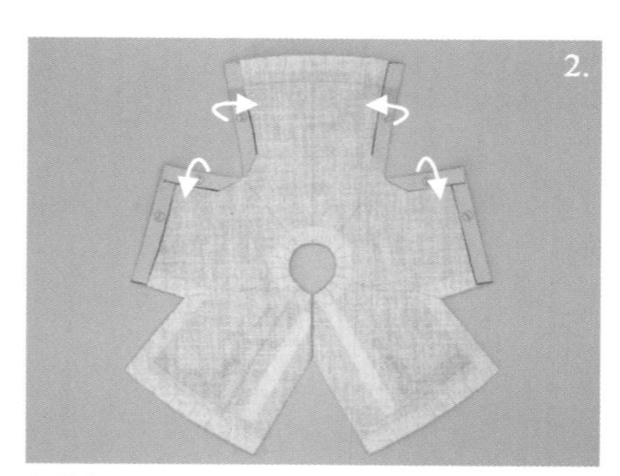

沿著②紅線剪出牙口，往內側倒，用接著劑黏合。

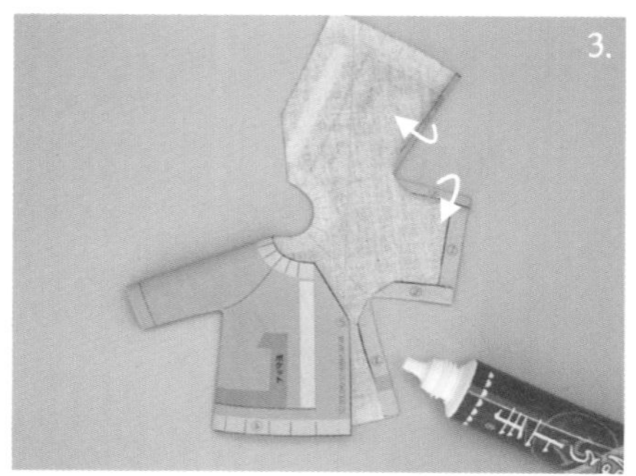

同樣在③剪出牙口，往內側倒，在②的正面塗上接著劑，將衣袖～側邊正面相對黏合。

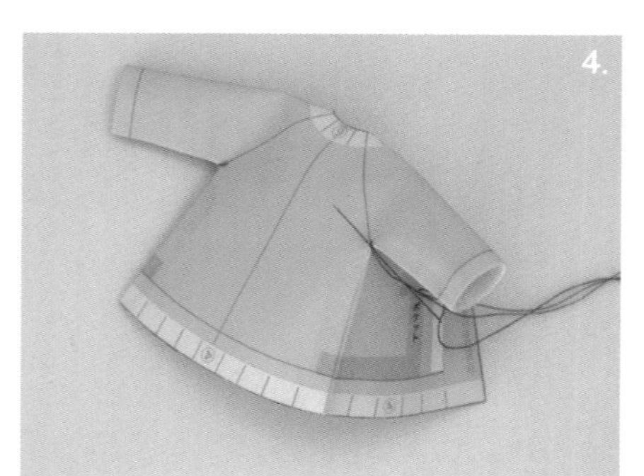

針穿上縫線，在腋下小小挑縫 2 次，用線縫固定。

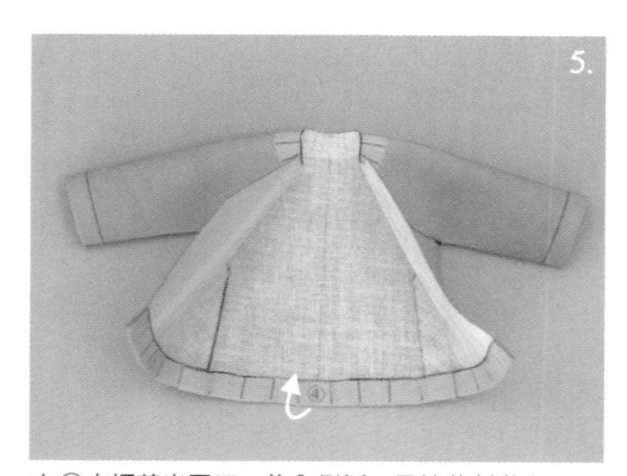

在④衣襬剪出牙口，往內側倒，用接著劑黏合。

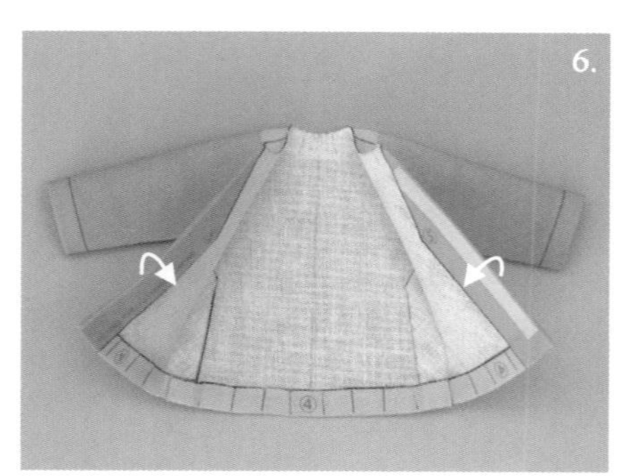

將⑤往內側倒，用接著劑黏合。

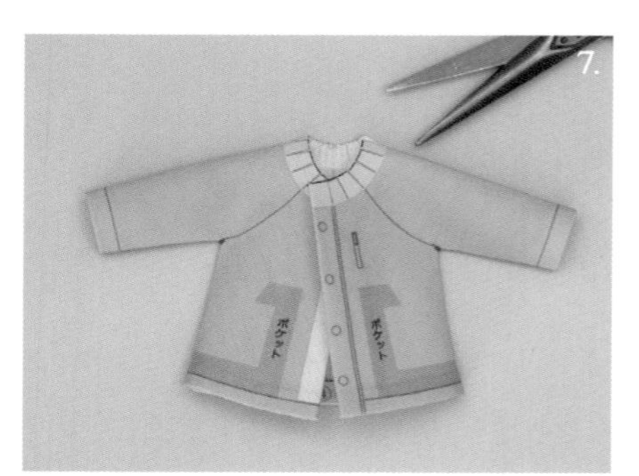

在⑥領圍剪出牙口。

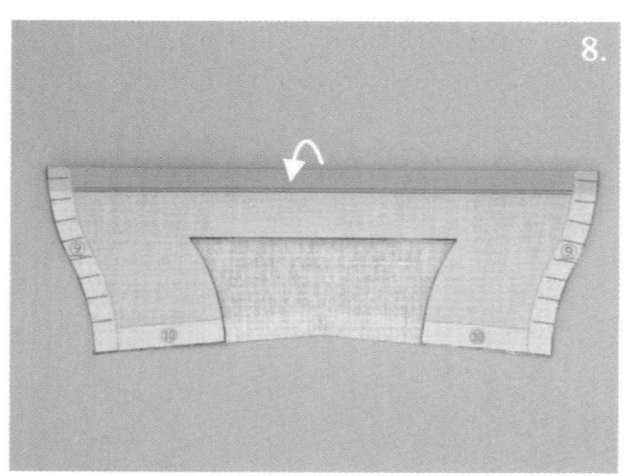

將「連帽衣（連帽）」中央虛線摺成山線，先摺出摺痕。

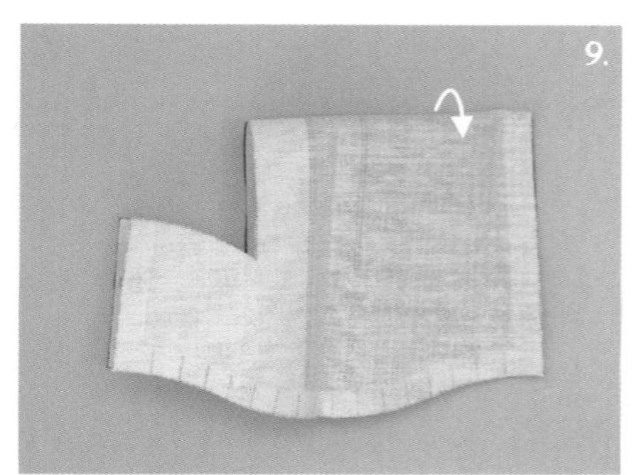

在⑦塗上接著劑，正面對摺黏合。

連帽縫製得很小
所以無法戴起。

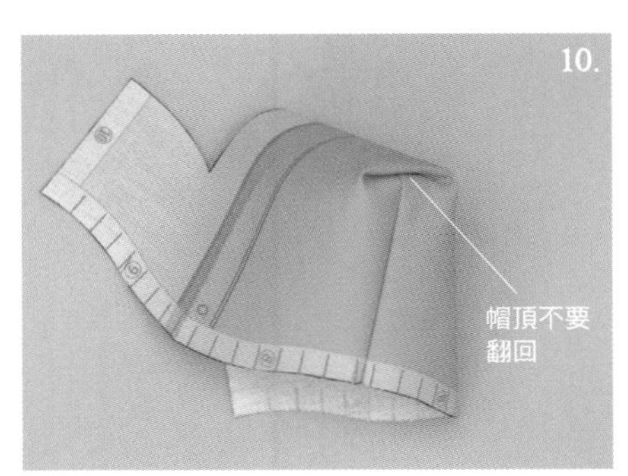

除了帽頂之外，其他部分翻回正面。

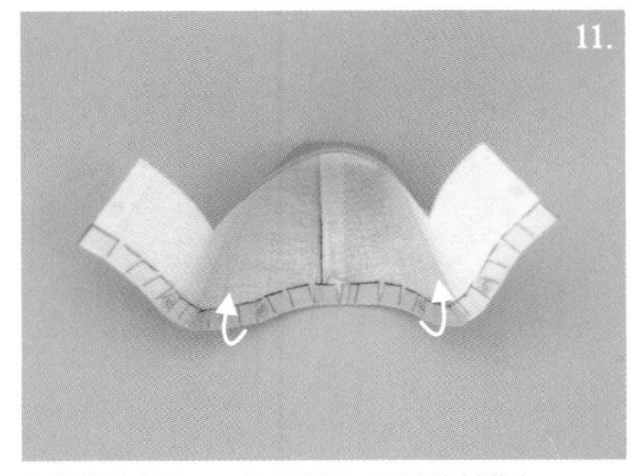

在⑧⑨剪出牙口，往內側倒，用接著劑黏合。

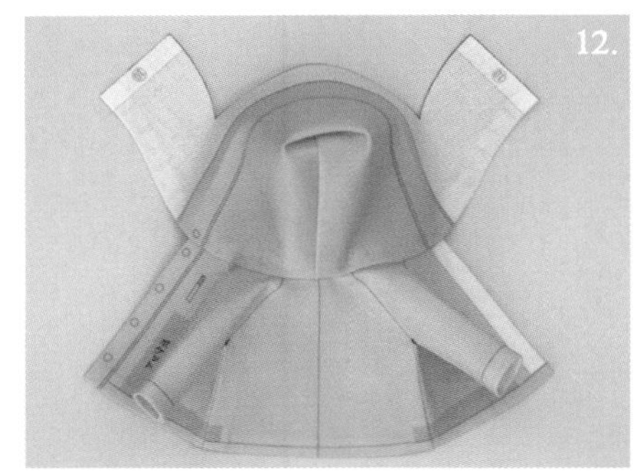

在⑧塗上接著劑，黏在⑥上身領圍。

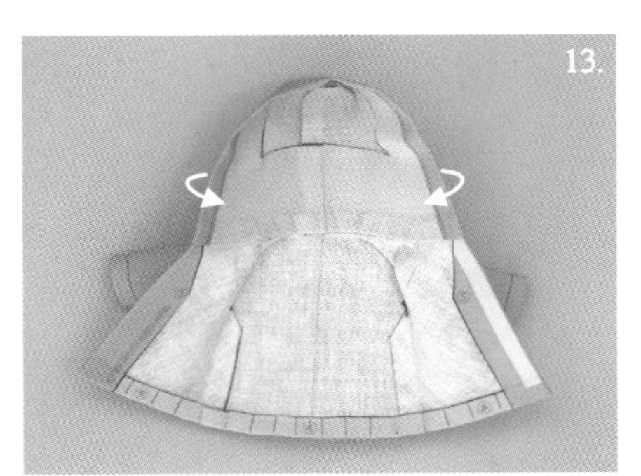

在⑨塗上接著劑，如夾住⑥般黏合，中心⑩正面相對黏合。

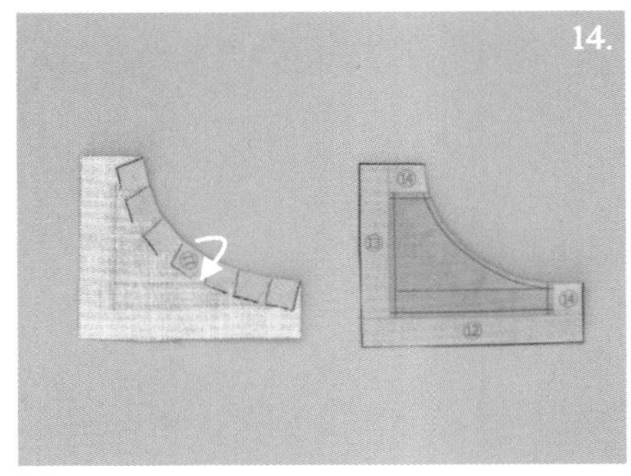

在「連帽衣（口袋）」⑪剪出牙口，往內側倒，用接著劑黏合。

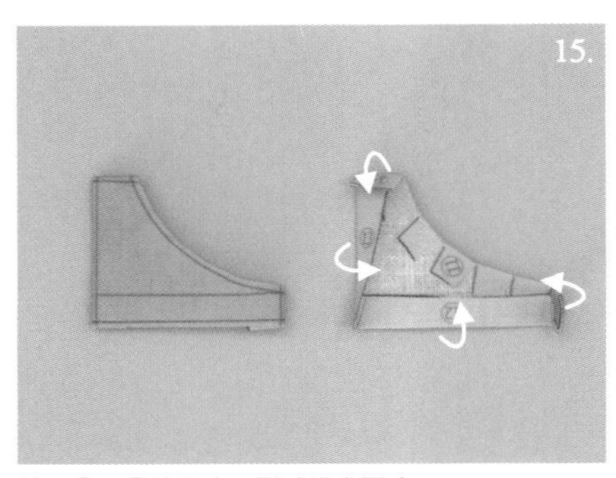

依照⑫～⑭的順序用熨斗燙出摺痕。

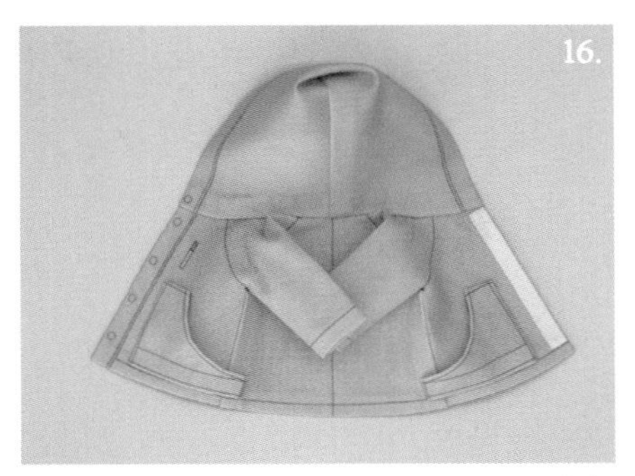

在「連帽衣（上身）」口袋位置塗上接著劑，黏上口袋。

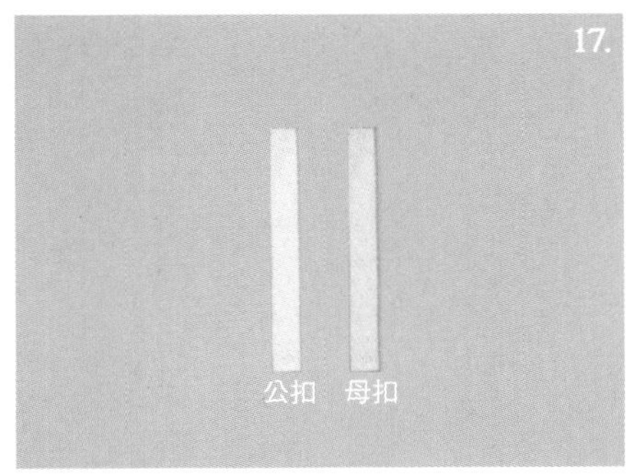

魔鬼氈的公扣和母扣分別剪成 5mm×37mm，用接著劑黏在魔鬼氈黏貼位置。

用接著劑黏在魔鬼氈黏貼位置後，連帽衣即完成。

T-shirts 和裙子
連初階者都能輕易嘗試，
作業非常簡單喔！

T-SHIRTS & SKIRT

在「T-shirts」①袖口剪出牙口，往內側倒，用接著劑黏合。

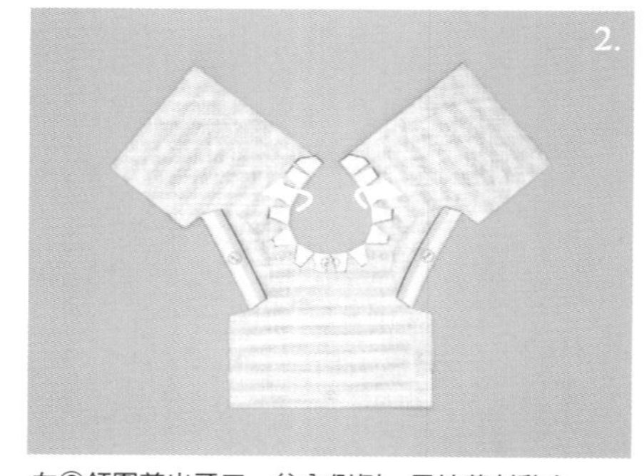

在②領圍剪出牙口，往內側倒，用接著劑黏合。

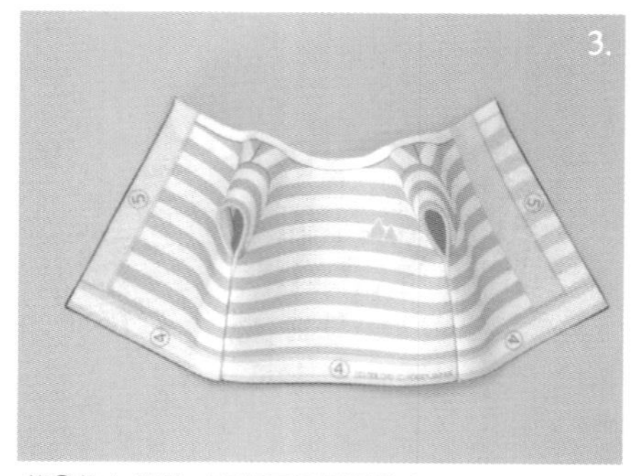

將③往內側倒，兩側正面相對黏合。

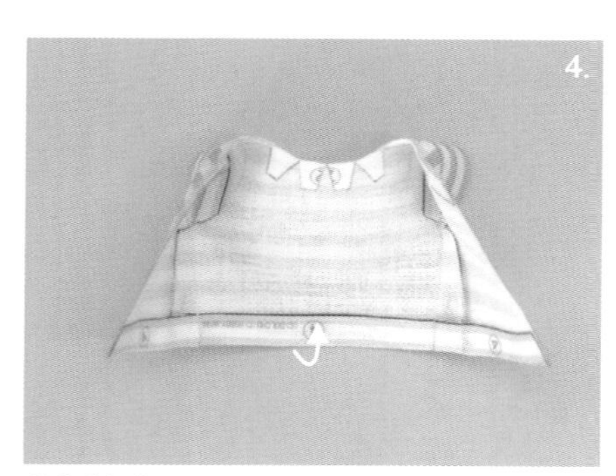

將④衣襬往內側倒，用接著劑黏合。

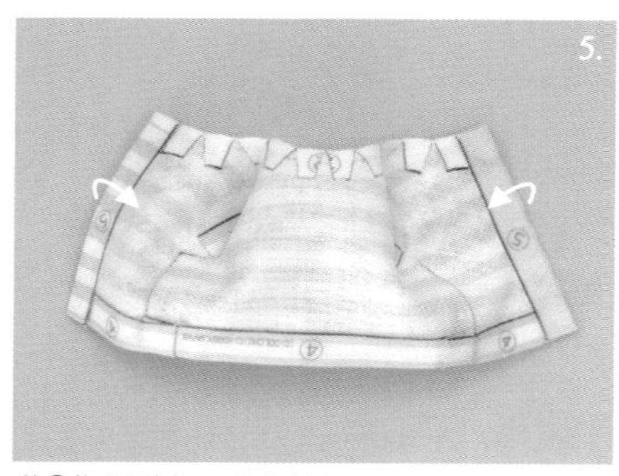

將⑤往內側倒，用接著劑黏合。

魔鬼氈剪成 5mm×32mm，用接著劑黏在魔鬼氈黏貼位置，T-shirts 完成。

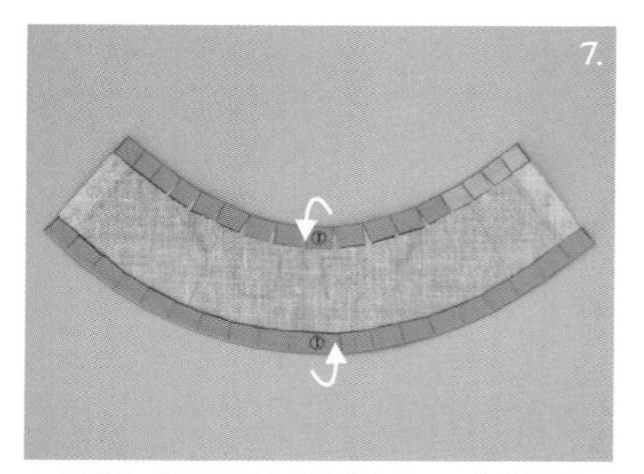

在「裙子」①的腰圍和裙襬剪出牙口，往內側倒，用接著劑黏合。

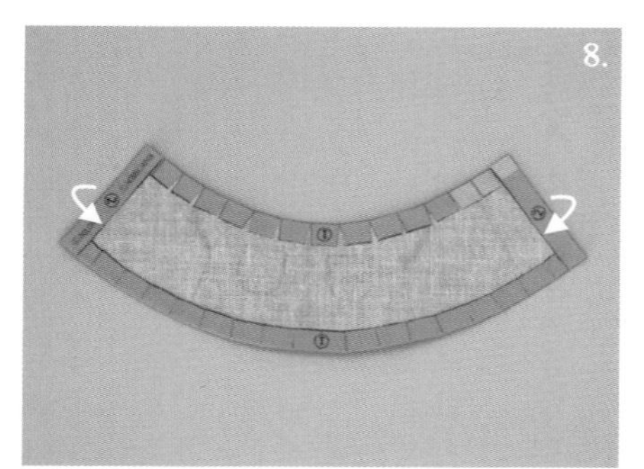

將②兩邊往內側倒，用接著劑黏合。

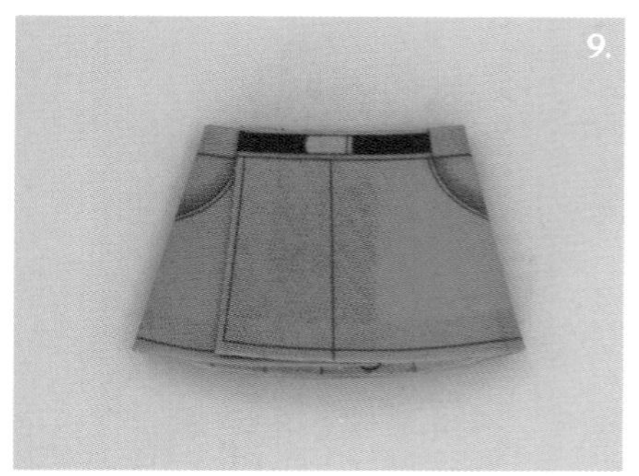

魔鬼氈剪成 5mm×22mm，用接著劑黏在魔鬼氈黏貼位置，裙子完成。

GOOD SMILE COMPANY

除了原創娃娃，還有 Harmonia bloom 素體、玻璃眼珠、鞋子等系列商品，引人注目！黏土娃也一如往常的可愛。

本篇介紹 2020 年春天
各家品牌發售的娃娃新品

※價格標記基本為「未稅價」，其中有接單生產商品和售完商品等，還有部分販售結束的商品，還請留意。

Harmonia bloom ALICE L
● 33,818 日圓 ● 2020 年 11 月發售
◀大家最喜愛的愛麗絲主題第 2 波

Harmonia bloom Seasonal Doll Dorothy
●38,182日圓（只有衣服7,727日圓） ●2020年12月發售
▲超適合哥德蘿莉塔風妝容！還有販售顏色不同的服裝套組

Harmonia bloom ユリ
●33,636日圓 ●2020年10月發售
▲延續鈴蘭的花系列娃娃，第2波為高雅的百合娃娃

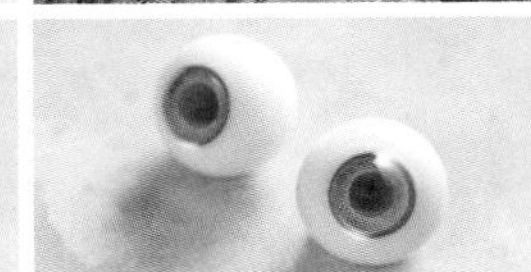

Harmonia bloom原創玻璃眼珠 牡羊座／獅子座／射手座 ●各3,636日圓 ●2020年7月發售
▲由職人手作的16mm玻璃眼珠，適合火象妝容的娃娃配戴。GOOD SMILE COMPANY線上商店限定發售，未附上娃娃本體、假髮和服裝

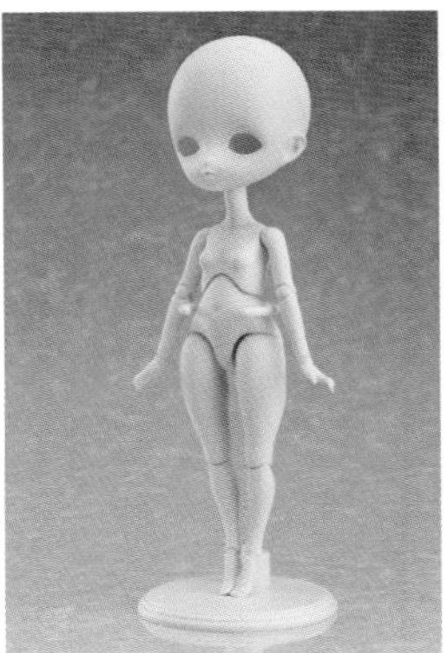

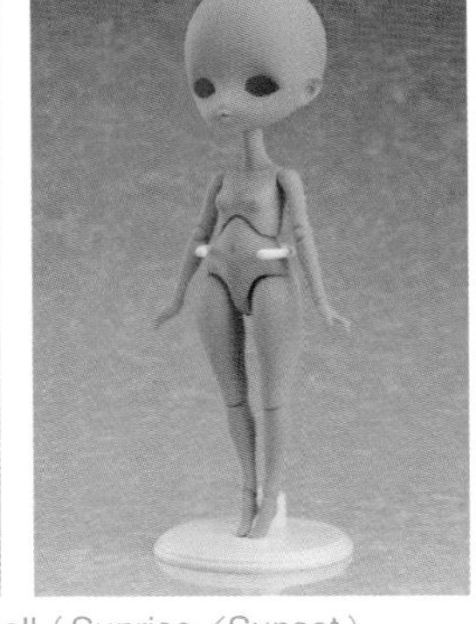

Harmonia bloom blooming doll（Sunrise／Sunset）
●各15,364日圓 ●2020年11月發售
▲GOOD SMILE COMPANY線上商店限定發售

Harmonia bloom鞋子套組01/02
●各3,000日圓 ●2020年9月發售
▲推出暖色系01和冷色系02

黏土娃 妙麗・格蘭傑／哈利波特／榮恩・衛斯理
●各6,000日圓 ●2020年9月發售
▲黏土人《哈利波特》娃娃登場！還有販售服裝套組（3,818日圓），讓其他娃娃穿也別有一番樂趣

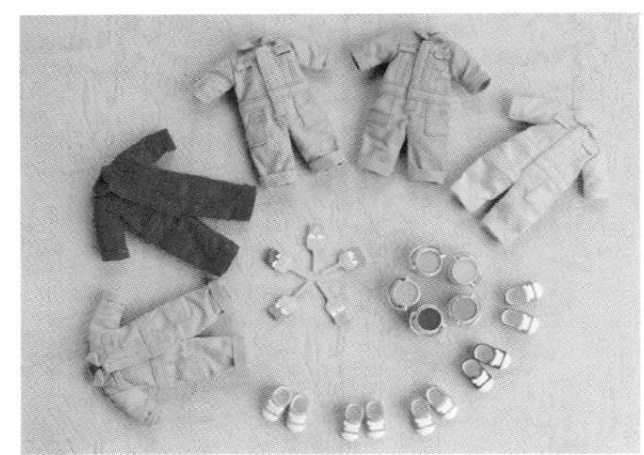

黏土娃服裝套組 彩色工作服
●各3,182日圓 ●2020年8月發售
◀附連身衣、運動鞋和油漆組&刷具

※Harmonia bloom新品發表特別號將於10/24（六）於YouTube頻道播放。
詳細內容請至Twitter帳號（@harmoniabloom）確認。

商品洽詢 株式會社 GOOD SMILE COMPANY www.goodsmile.info

Neo Blythe「Sporty Lover Finesse」
●17,900 日圓 ●2020 年 8 月發售
◀脫下裙子就變身成運動造型，還配有完整造型的帽子和托特包等小物！

CWC 限定 19 週年紀念 Neo Blythe「Tokyo Bright」●26,700 日圓 ●2020 年 9 月發售
脫下印有東京夜景的設計服飾，展現時尚單色調的禮服造型。

TOPSHOP 限定 Neo Blythe「Dandy Dearest」 ●21,500 日圓 ●2020 年 6 月發售
▲絲絨帽搭配長版外套，展現華麗貴公子的瀟灑造型。

Neo Blythe「Sweet Bubbly Bear」
●17,900 日圓 ●2019 年 12 月發售
◀酷勁十足的太陽眼鏡，加上夢幻時尚髮色，讓大家為之著迷！

CWC 限定 Neo Blythe「Wishful Blythe & Stardust Cinnamon Roll」
●26,500 日圓 ●2020 年 4 月發售
◀為娃娃裝扮上附大耳狗帽子的頭飾，再搭配有大耳狗圖案的連身裙。

Eye Love Shoes Set
●各 3,900 日圓 ●2020 年 8 月發售
▲◀紅色和白色心型太陽眼鏡加上鞋子的套組。

Middie Blythe「Schalie Susanne」
●14,500 日圓
●2020 年 7 月發售
▶推出高雅古典娃娃造型的 Middie Blythe。

Middie Blythe「Odile Magical Trickery and Love」
●14,500 日圓
●2020 年 5 月發售
◀以黑天鵝 Odile 為主題，眼尾的貓眼眼線引人注目。

Neo Blythe「Odet Lake of Tears」
●18,500 日圓 ●2020 年 5 月發售
◀以天鵝湖為主題，還可換上印有主題的服裝！

BLYTHE

今年 BLYTHE 週年紀念主題為東京！明年就是 BLYTHE 的 20 週年，就讓我們在可愛娃娃和月曆的圍繞下，在深陷其魅力的日子裡，引頸期待這天的到來吧！

Junie Moon（CWC 直營店）
Online shop https://shop.juniemoon.jp

Blythe Acrylic Stage ●1,200 日圓 ●2020 年 8 月發售
▲高約 10cm 的壓克力人形立牌，挑選喜愛的娃娃來裝飾吧！

Blythe 迷你不鏽鋼瓶
●1,850 日圓 ●2020 年 8 月發售
▲白色瓶身的娃娃為 Sweet Bubble Bear，水藍色瓶身的娃娃為 Allegra Champagne。

2021 Blythe 掛曆「Blythe Promise」
●1,680 日圓 ●2020 年 7 月發售
▲ 2021 年的月曆也提前推出，和大家一起慶祝 20 週年的到來！

2021 Blythe 桌曆「Blythe Dreams」
●1,580 日圓 ●2020 年 7 月發售
▲月曆用完後還可以裁下當明信片，讓人再次感受 Blythe 的魅力。

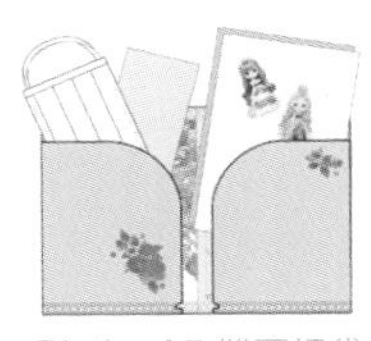

Blythe 票證文件夾 2 件組
●650 日圓 ●2020 年 5 月發售
◀ 19.5cm×10cm 的窄版文件夾，有 3 種圖案。

Blythe A5 雙面插袋文件夾 2 件組
●750 日圓 ●2020 年 5 月發售
▶大小恰好的 A5 尺寸，也超適合收納口罩等小物。

Blythe Die-cut Sticker: Charming / Classical / Enchanting

Blythe 身形貼紙 ●各 450 日圓 ●2020 年 3 月發售
▲黏上就散發可愛氣息的貼紙，共有 6 片。

Blythe 散裝貼紙
●各 530 日圓 ●2020 年 3 月發售
▲迷你可愛的貼紙共有 30 張之多，超划算！

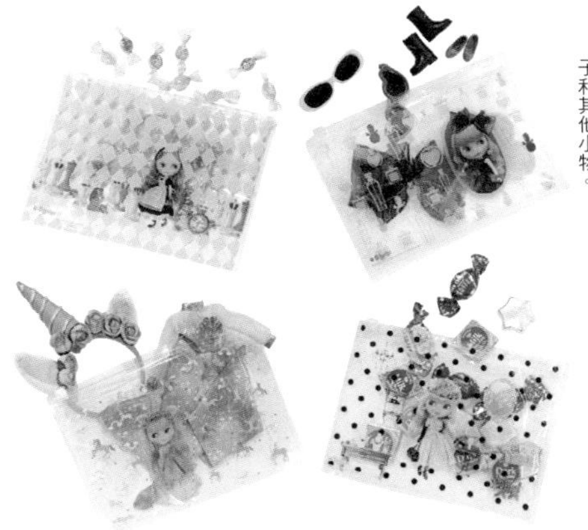

Blythe 夾鏈袋
●各 850 日圓 ●2020 年 2 月發售
◀大小約 15×21 cm，共有 5 個，可以收納 Blythe 的鞋子和其他小物。

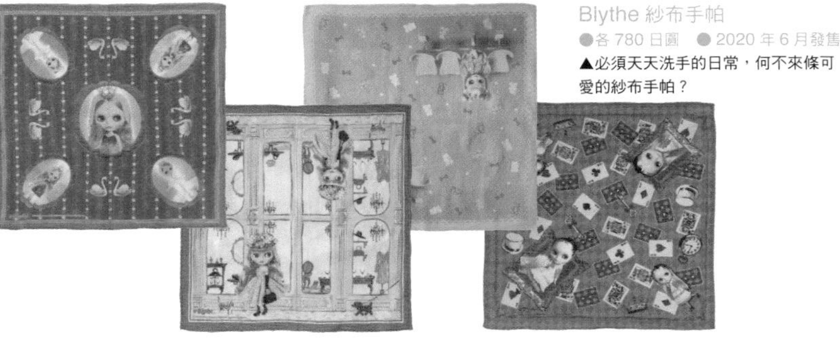

Blythe 紗布手帕
●各 780 日圓 ●2020 年 6 月發售
▲必須天天洗手的日常，何不來條可愛的紗布手帕？

商品洽詢 株式會社 Cross World Connections www.blythedoll.com

PetWORKs

1/6 男子圖鑑接著 momoko&ruruko 也陸續登場。
momoko 的血色紅唇展現了量產娃娃中意想不到的美麗。

Today's momoko 2009
● 15,500 日圓
● 2020 年 9 月發售

Fresh ruruko 2007
● 15,000 日圓 ● 2020 年 7 月發售

Today's momoko 2006
● 15,500 日圓
● 2020 年 6 月發售

Fresh ruruko 20AZ
● 14,500 日圓
● 2020 年 AZONE 限定 6 月發售

CCS 20SS momoko／CCS 20SS momoko PS
●各 19,000 日圓
● 2020 年 4 月發售
▲▶ 20SS 以透明海洋風為主題。

Fresh ruruko 2005
● 15,000 日圓
● 2020 年 5 月發售

CCS 20AN momoko
● 22,000 日圓 ● 2020 年 8 月發售
▲最新的妝容設計為水潤雙眼和血色紅唇。

六分之一男子圖鑑 B2006
EIGHT ／ NINE
●各 16,500 日圓
● 2020 年 6 月發售

CCS 20SS ruruko girl／CCS 20SS ruruko boy
●各 18,000 日圓
● 2020 年 4 月、5 月發售
▲男娃使用身高較高的 S 男子素體。

魔法之子 ruruko girl／魔法之子 ruruko boy
●各 19,000 日圓 ● 2020 年 9 月發售
▲頭髮讓人聯想到火焰的紅髮女娃和治癒系的銀髮男娃。

六分之一男子圖鑑 翻領針織衫造型
EIGHT ／ NINE
●各 19,000 日圓
● 2020 年 2 月發售
▲◀用極細的線編織成艾倫風翻領針織衫，精緻度令人嘆為觀止。

六分之一男子圖鑑 軍裝大衣造型
EIGHT ／ NINE
●各 22,000 日圓
● 2020 年 2 月發售
▲◀粗獷風格的大衣似乎也很適合 momoko ！

六分之一男子圖鑑 背心造型
EIGHT ／ NINE
●各 21,000 日圓
● 2020 年 3 月發售
▲◀襯衫的古典開領設計和寬鬆衣袖，散發性感魅力。

六分之一男子圖鑑 海洋風造型
EIGHT ／ NINE
●各 21,000 日圓
● 2020 年 5 月發售
▲◀清爽海洋風造型，上衣還可交換穿搭，令人開心。

六分之一男子圖鑑 打摺褲造型
EIGHT ／ NINE
●各 22,000 日圓 ● 2020 年 7 月發售
▲身高 28cm 的 EIGHT 和 29cm 的 NINE 完美詮釋了寬大的連帽衣！

Dolly New Items

SEKIGUCHI

2019 年大家一起做的「大家一起做 momoko DOLL」為少見的短髮造型，還有大家熟悉的 25cm 青少年素體比例。

momoko DOLL「無月之夜」
● 12,800 日圓 ● 2020 年 8 月發售
▲身穿斗篷外套，造型個性十足。

Wake-up momoko DOLL WUD029 ／ WUD030
●各 6,800 日圓 ● 2020 年 5 月發售
▲ SEKIGUCHI 直營店的限定商品。

momoko DOLL「貝比奇奇中學之戀」「夢奇奇高中之戀」
●各 12,800 日圓 ● 2020 年 4 月發售
▲中學為身高 25cm 的青少年素體，高中為 27cm 素體。

大家一起做 momoko DOLL 2019 BLOND Ver. ／ SILVER Ver.
●各 7,000 日圓 ● 2020 年 4 月發售
▲ 2019 年大家一起做推出的娃娃為健康小麥肌配上俏麗短髮。

商品洽詢 株式會社 SEKIGUCHI 0120-041-903（平日 9:30 ～ 12:00、13:00 ～ 17:00）

PetWORKs

Odeco&Nikki 和 Jossie 都推出 11cm 的尺寸！ Odeco 為新款娃娃，臉上搭配了水汪汪的動漫眼珠，Odette 也很令人愛不釋手！
※ 全部服裝和鞋子皆為分開販售。

Jossie An gr
「蓬鬆造型的上揚眼 Usaggie」
Jossie An pk
「蓬鬆造型的垂眼 Usaggie」
●各 7,000 日圓
● 2020 年 6 月發售
▲ AZONE 限定發售的亞洲創作者大展的紀念娃娃。

Odette 002
● 7,000 日圓
● 2020 年 8 月發售
▶使用 Odeco 素體的 Odette 娃娃，服裝為分開販售。

Odette 001
● 10,000 日圓 ● 2020 年 5 月發售
◀使用和 ruruko 相同的 25 cm 素體，讓 Odette 展現令人耳目一新的身形！

迷你 Jossie no1 ／ no2
●各 7,000 日圓 ● 2020 年 9 月發售

迷你 Hitszie 002 ／ 001
●各 6,500 日圓 ● 2020 年 8 月發售

迷你繪本版 Nikki 002 ／ 001
●各 6,000 日圓 ● 2020 年 7 月發售

迷你 Usaggie 003 ／ 002
●各 6,000 日圓 ● 2020 年 6 月發售

▲使用 OBITSU 11 素體化身為迷你版娃娃，全部服裝皆分開販售。

商品洽詢 株式會社 PetWORKs 事業部 www.petworks.co.jp/doll

AZONE INTERNATIONAL

AZONE INTERNATIONAL 製作許多原創和角色系列等多種大小尺寸的可愛娃娃。這次主要為大家挑選的是植髮款的娃娃。

E× ☆ CUTE FAMILY
Minami(みなみ)／Loyal Maid（普通版／店內限定）
●各 15,000 日圓 ● 2020 年 6 月發售
▲圍裙邊緣有蕾絲裝飾，相當甜美的女僕裝，深棕髮為限定娃娃。

E× ☆ CUTE FAMILY
Fuka(ふうか)／Loyal Maid（普通版／店內限定）
●各 15,000 日圓 ● 2020 年 7 月發售
▲女僕娃娃分別附上清潔用具，棕髮為直營店限定娃娃。

KINOKO JUICE × Lil' Fairy Twinkle ☆ Candy Girls
Lipu ／ Eruno ／ Vel ●各 9,000 日圓 ● 2020 年 7～9 月發售
▲ KIKIPOP! 的 KINOKO JUICE 為 Lil' Fairy 設計的穿搭！

E× ☆ CUTE FAMILY
Mio(みお)／Loyal Maid（普通版／店內限定）
●各 15,000 日圓 ● 2020 年 5 月發售
▲女僕裝下穿有薄紗內衣，黑髮為限定娃娃。

SAHRA's a la mode 初夏的散步道／柚葉（秋葉原店限定／店內限定）
●各 14,000 日圓 ● 2020 年 7 月發售
▲這是 LS 秋葉原 RADIO 會館 6 週年紀念娃娃，金髮為店內限定娃娃。

Anna ／ Stellar light twins（普通版／店內限定）
●各 50,000 日圓 ● 2020 年 11 月發售
▲此為身高 45cm 的假髮娃娃，眼珠可以替換，身穿星座服飾，相當可愛。白髮為限定娃娃。

Alvastaria Meryl ～書本、鏡子和小小愛麗絲～（普通版／店內限定） ●各 15,000 日圓 ● 2020 年 12 月發售
▲娃娃為 pureneemo FLECTION × S 的 Meryl，銀髮為限定娃娃。

すずね／ Noraneko drops（普通版／店內限定）
●各 52,000 日圓
● 2020 年 5 月發售
▲臉部由 Out of Base 設計，服裝由 kanihoru 創作者設計，白髮為限定娃娃。

和遙 KINA 學校制服系列／ Yui（小麥肌小惡魔版／白肌小惡魔版）
●各 48,000 日圓 ● 2020 年 6 月發售
▲娃娃身高 50cm，穿上仿真的制服，深受大家的喜愛，假髮為 AZONE 原創商品。

KANO ／ RINO 月夜女僕兔女郎
●各 49,000 日圓 ● 2020 年 12 月發售
▲ RINO 為白色女僕裝，KANO 為黑色女僕裝。身高 50cm 的假髮娃娃，眼珠可以替換。

商品洽詢 株式會社 AZONE INTERNATIONAL www.azone-int.co.jp

Dolly New Items

VOLKS

自傳說的聯名娃娃「東方 Project」×DDS 至今已有 10 年。這次在接單企劃中再度推出以 MDD 重生的靈夢以及魔理沙！健美的肉感腿型提升了兩人的可愛度，預計於 2021 年秋天寄送。

MDD「博麗靈夢」
● 62,000 日圓
● 2020 年 10 月 10 日～ 12 月 13 日接單預定
▲◀ MDD 身高約 43cm，利用肉感腿型和大手調整成近似插畫的樣子。

MDD「霧雨魔理沙」
● 62,000 日圓
● 2020 年 10 月 10 日～ 12 月 13 日接單預定
▲◀帽子、假髮、眼珠皆為原創製作，當然也會附上魔理沙的掃帚。

商品洽詢 株式會社 VOLKS dollfie.volks.co.jp

GROOVE

接續新品不斷的經典娃娃 PULLIP，珍藏版娃娃系列也正式啟動，設計概念為以 Yeolume 為基礎的穿衣人形。特別的身形比例成了娃娃的標誌特色！

PULLIP「死神克蕾絲」
● 21,000 日圓 ● 2020 年 9 月發售
▲死神主題的暗色系妝容，有附斗篷和大鐮刀。

PULLIP「酷洛米」
● 22,000 日圓 ● 2020 年 6 月發售
▲有附酷洛米圖案的包包。

PULLIP「Patoricia」
● 23,500 日圓 ● 2020 年 5 月發售
▲這是和『Angelic Pretty』合作的聯名娃娃。

PULLIP「ZAPPA」
● 22,500 日圓 ● 2020 年 5 月發售
▲蒸汽龐克系列新作的女戰士！

PULLIP「刀劍神域 亞絲娜」
● 24,500 日圓 ● 2020 年 4 月發售
▲披風有鐵絲穿入，還附上閃爍之光（劍）。

PULLIP「Fluffy 棉花糖」
● 21,000 日圓 ● 2020 年 11 月發售
▲混合髮色搭配毛茸茸斗篷，非常可愛。

PULLIP「美樂蒂」
● 22,000 日圓 ● 2020 年 8 月發售
▲還附有美樂蒂布偶。

PULLIP「eclata」
● 21,000 日圓 ● 2020 年 8 月發售
▲粉絲引頸期盼的小麥色素體，讓黑髮更顯亮澤！

PULLIP「Purely Sherbet」
● 21,000 日圓 ● 2020 年 7 月發售
▲連帽衣的連帽設計主題為獨角獸。

珍藏版娃娃「新世紀福音戰士 式波・明日香・蘭格雷／綾波零」
●各 12,000 日圓 ● 2020 年 10 月發售

▲◀珍藏版娃娃為有肉肉臉的三等身，身高約 27 cm。

珍藏版娃娃「初音未來」
● 12,000 日圓
● 2020 年 5 月發售

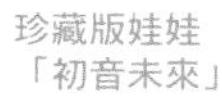

商品洽詢 株式會社 GROOVE info@groove.ws

「KIKIPOP！Fes 2019 in AKIHABARA」

at Azone Labelshop AKIHABARA

2019 年 12 月 7-8 日在原宿舉辦的「KIKIPOP! Fes 2019」，
再次於 Azone Labelshop 秋葉原盛大舉行！
不但有豪華創作者陣容展示的 ONE-OFF 娃，
以及娃娃服飾的販售，
還有 Sekiya Yurie 老師描繪的商品和限定娃娃等，
充滿許多吸引人的活動內容！

2019.12.14 ~ 2020.1.5

F.L.C. X Sekiya Yurie
「baby snow white」

▲ 2 組穿搭的服裝套組，上面印有 Sekiya Yurie 的插畫！

Sleep
「Swan Dream」

▲ Sleep 設計的原創天鵝圖案連身裙，娃娃的橘色雙頰超級可愛！

kanihoru
「食夢貘的夢想」

▲以食夢貘為形象創作的黑白條紋套裝，大大的睡帽可愛十足。

KINOKO JUICE
「小黑帽」

▲可愛的小黑帽 KIKIPOP 娃娃穿有貝殼緣飾的圍裙！小小尖牙和紅色眼線讓人眼睛為之一亮♡

惡玉菌製造工場
「毒蘋果兜售」

▲惡玉菌創作的客製化 3 眼 KIKIPOP 娃娃，椅子型的座台綴滿白雪公主的故事圖飾。

蜜蜂
「HEN-NAKO 的 KIKIPOP！」

▲和代表蜜蜂的 HEN-NAKO 合作展出聯名 KIKI 娃娃，還和小小畫布搭配成套。

惡玉菌製造工場
「小紅帽的秘密」

▶和大野狼合體的小紅帽。耳朵和嘴巴是磁鐵，可以取下。

BABY-DO
「白貓和幸福的藍色蘑菇」

▶異眼白貓，雖然看不到，但長內褲上有著毛茸茸尾巴，超級可愛。

椛
「Bubble pops」

▲惹人憐愛的 Hoekuchi 娃娃很適合困惑的眉型！造型主題為美人魚，頭髮和手腳都帶點水藍色。

Daisy-D X 雨藍
「Rotkäppchen」

▲小紅帽的鮮豔紅唇飄散著些微成熟感，絨毛長斗篷華麗非凡！

M.D.C
「Rites of Spring」

▲可愛的雀斑娃娃頭戴手工編織的針織帽，設計主題為變成天鵝前的醜小鴨。

M.D.C
服裝套組
「uglyduckling 套裝」

▲有『醜小鴨』插畫的服裝套組也很受大家的歡迎！

nemurikonemuko
「朝向迷霧的故事」

▲朝向晨霧的千金小姐身穿一襲暈染成薰衣草色的漸層洋裝。

allnurds
服裝套組
「老鼠與飯糰！」

▲口袋為三角飯糰的運動連身裙，還有老鼠耳朵和尾巴喔！

Pink Popcorn
服裝套組「變身比賽」

▲設計概念出自繪本『變身比賽』，自認是變身高手的狐狸一身休閒來此報到！

Mzsm
服裝套組「day off」

▲紅色小提包點亮迷人的單色調套裝。

☆CHOCOMERO☆
服裝套組「晚安 Dreamy Night」

▲粉色系居家服套裝，小兔子拖鞋可愛滿點！

MilkyWay 套裝
「黑兔和白兔」

▲設計概念出自同名繪本，將蒲公英別在耳上開始來跳婚禮舞蹈吧♪

ARET
「KIKIPOP 專用安全帽」

▶超適合KIKI娃娃尺寸的安全帽，下巴還有繫帶喔！！

KINOKO JUICE
「KIKI Munyukuchi」「KIKI Hoekuchi」

▲球體關節人形版的 KIKI 娃娃！！使用特殊色薰衣草色和摩卡色製作而成。

KINOKO JUICE
「nia」「haine」

▲膚色分別為牛奶白和桃粉色的 nia 和 haine。Q 彈肉球真是太可愛了～

MIYUKI COLLECTION 服裝套組
「The Princess of the Tower」

Sleep 套裝
「馬戲團少女」

▶長髮公主風服裝和Sleep設計的馬戲團圖案連身裙！

「PetWORKs DOLLS ASIAN ARTISTS EXHIBITION」
at Azone Labelshop AKIHABARA

韓國、泰國、台灣、中國以及日本創作者共同參與的「PetWORKs 亞洲創作者大展」，於2020年6月在Azone Labelshop秋葉原舉行。從春天到初夏許多娃展活動停辦的期間，這次的活動讓我們久違地一飽眼福，可近距離細細觀賞那手作之美。

2020.6.17 ~ 2020.7.15

F.L.C.／関口妙子 × 川本有里佳
「F.L.C.+yuri 客製化 ruruko」
「連身裙套裝 with ruruko」

▶左邊的 ruruko 為川本有里佳客製化的娃娃，原創印花連身裙真是可愛！

A line
「連身裙套裝 with 迷你 Jossie」

▶11cm素體的迷你 Jossie，連身裙上的小巧蝴蝶結甚是吸睛。

A line×nico／龍田
「櫻花色」「墨色」

▲這也是使用11cm尺寸素體的 Myammy，漫畫般的妝容超級可愛。

GinaGE
「Declaration d'Amour」

▶以精妙技巧做出的古典淑女風 momoko，髮型設計也令人一絕！

F.L.C.／関口妙子 × 川本有里佳
「F.L.C.+yuri 客製化 NINE」

▶六分之一男子 NINE 的2款牛仔褲造型，層層疊搭仍展現出合身感，令人讚嘆不已！

leon23
「little wild berry in early」

▲將 ruruko 重新改妝 & 植髮，變身成流行風格，褐色肌搭配白色雙馬尾的造型，非常與眾不同！還有附替換的服裝。

兜兜
「Rock Night with EIGHT "29BODY"」
「Rock Night with NINE」

◀使用 NINE 素體的 EIGHT&NINE，穿上紅藍對照的時尚服飾。

AZONE 員工 I&Y
「Tokyo Bohemian girl（momoko & ruruko）」

▶領圍有可愛刺繡的姊妹裝，momoko 的鞋子和提箱都是 AZONE 商品。

蝸牛 chaosren × 嘉、蝸牛 chaosren × 葉小狐
「la prince」「清流」

▲蝸牛利用改妝將 EIGHT 大變身，並且換上有時代感的服裝，引人注目。

Charlotte×Memento
「petal and honey」

▲ ruruko 經由細緻的手繪妝容，一改過去的風格，夢幻服飾也很精緻美麗。

FoXyBrOwNy（wimukt）
「Ipomoea set. with momoko DOLL」

▲百褶腰裙罩衫搭配花苞裙，圓弧造型為有別以往的少見設計。

chesca (체스카)
「Spring 2020」

▲透過細膩改妝手法，神奇地將 momoko 化為宛如真實存在的美人。

yj_sarah (시애라)
「Rose garden rococo silk dress with momoko DOLL」
「Country road vintage dress with momoko DOLL」

▲絲質和棉質的洋裝有著繁複精緻的細節設計，也有單獨販售服裝。

papilion (파필리온)
「Botanist dress set. with momoko DOLL」
「Grand bleu dress set. with momoko DOLL」

▶將色調樸素的布料化為細條紋和蕾絲，縫製成令人嘆為觀止的美麗服飾。

Lado, HandmadeAddiction
「Heart Beat with momoko DOLL」
「Bedtime Story with momoko DOLL」

◀兩人穿搭個性十足，頭戴兔子帽和謎樣戲偶的呆萌表情令人不禁莞爾一笑。

SEKIGUCHI 中國工廠團隊
「薄荷綠旗袍」

▶配合版型加上刺繡裝飾，微帶中國風的服飾，上身的合身度堪稱完美！

Lado, HandmadeAddiction
「Life Pending」

▶momoko 哥德蘿莉塔的妝容搭配布偶的病態感，作品營造的氛圍濃厚，還可收入藝術風格強烈的盒中。

Lin's Doll
「★Little Witch★NeKo Chan」
「☆M@gic UsaGGie GirL☆ HaRu Chan」
「☆GiRiGuRu mAgIc BiKiNi☆★Invisibility NeKo Raincoat★ with Odeco chan」

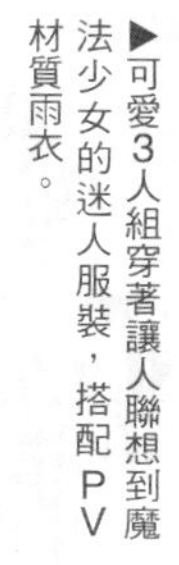

▶可愛3人組穿著讓人聯想到魔法少女的迷人服裝，搭配PV材質雨衣。

▶AZONE 在展出中販售需另外訂購的 Jossie 娃娃，夢幻混色頭髮超級可愛！

「Azone Boys Doll Collection展II」

at Azone Labelshop AKIHABARA, NAGOYA

娃服創作者和顧客以 E× ☆ CUTE 和 Alvastaria 等，
以及 AZONE 原創的 1/6 男娃為模特兒製作 ONE-OFF 娃。
另外，大家不可錯過畫上原創眼漆的客製化 1/6 男娃。

2020.7.18 ~ 2020.9.22

Out of Base × 紅色相機
「偶像 Milo 君」
「偶像藍斗君」

▲ Milo 和藍斗身穿華貴的藍色披風和背心，展現不亞於王冠的耀眼氣質。

mieko × LittlePawpaw
「望之舞者」「朔之舞者」

▲將 Alvastaria Vince 植髮重塗，設計成有美麗褐色肌的舞者造型。

Starry Element
「礦石大師優太」

▲精緻的水晶膠礦石、鉛筆和圓規等各種小物，完整了故事性的造型。

#000000
「Librarian Purple」
「Librarian Blue」

▲將 Alvastaria Tieo 的頭髮改為黑白兩色，眼鏡和鑰匙成了閃亮的時尚配件。

MilkyWay*
「Neil ～星空兔～」

◀ Alvastaria Neil 變身成休閒造型的男孩，兔耳和星空圖紋成了美麗的點綴。

niko × 紅色相機
「KIMONO 裝扮外出 Noah」
「KIMONO 裝扮外出 Kyle」

▶ AZONE 製作的大正浪漫和服和袴的套裝，配上休閒服飾，化妝也顯得與眾不同。

ai × asubudori
「Woohoo 裁縫師 Noah」
「Woohoo 裁縫師藍斗」

▲將 Noah 和藍斗設定為嘗試設計衣服的男娃雙人組，散播著無限有趣的幻想。衣服的搭配、兩人的眉毛和髮型通通都可愛的令人目不轉睛。

紅色相機
「中華茶寮 紅」「中華茶寮 藍」

◀優太和空羽華麗的混色植髮，加上中華風服飾，成了可愛的招牌男店員。

紺 × BABY-DO
「架式十足的風紀長」

▶斗篷加吊帶襪的裝扮直擊少女心！眉型俐落的風紀長 Milo。

tomo
「SCHOOL BOY- 出席號碼 1 號」
「SCHOOL BOY- 出席號碼 2 號」

▲白銀髮加上精緻妝容，美得令人屏息，兩人都使用白肌 ×S 素體，使用 2 號娃頭。

chouchou
「summer holiday」

▶晶透雙瞳令人眩目，是用1號娃頭客製化的娃娃，衣服為Miss Blythe 2012的商品。

Minutes
「Record keeper- 記錄者」

◀凜然黑髮美少年使用客製化的pureneemo 2號娃頭，閃爍小物增添作品完整性。

nico×kanihoru
「傾國少年」

◀原創少年娃娃使用pureneemo1號娃頭，擁有軍服、鄙視眼、紫色頭髮三大吸睛特點。

紺 ×niconicopon
「夏之初始」

◀少年的褐色肌和太陽花極為相襯，使用客製化1號娃頭，銀髮和銀眉帶來一股清爽感。

cbcd.ado。×mechanical・sweet
「夜鷹之星」

◀鑄造的羽毛宛若從繪本飛出般，非常美麗，使用2號娃頭的客製化娃娃。

tae×LittleCrowns
「繞道」

▲從衣服到鞋子，服裝造型全都自己製作！褐色肌上畫有完美的澄淨妝容。

MUGUET×625
「愛哭鬼小兔」
「Birman」

▲抱著毛根娃娃的空羽和原創男娃。

K+0
「狗狗警察」「迷路小貓」

▲有著犬耳和貓耳的客製化娃娃，彼此斜看相視而嚇了一跳，使用白肌的 1 號娃頭。

yufu
「Rainy」「Cloudy」

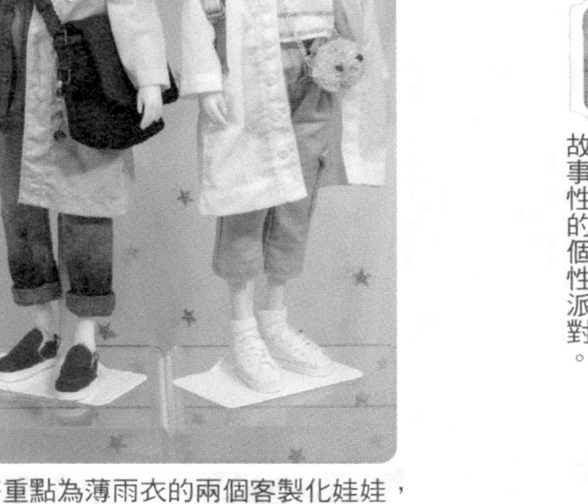

▲穿搭重點為薄雨衣的兩個客製化娃娃，髮型和妝容間的連結成套感也非常完美。

mieko×LittlePawpaw
「陽光療癒師」「紅髮射手」「黑獸劍士」

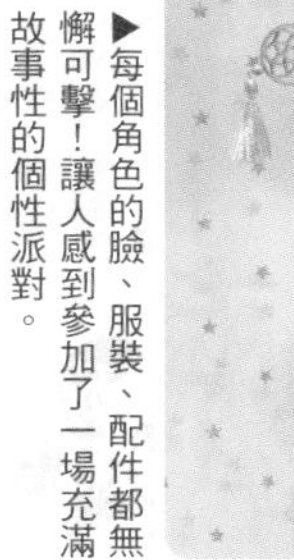

▶每個角色的臉、服裝、配件都無懈可擊！讓人感到參加了一場充滿故事性的個性派對。

NIJIQO
「老鼠國的王子」

◀客製化娃娃為有對鼠耳的可愛純白王子，把起司當成藥物，使用白肌的2號娃頭。

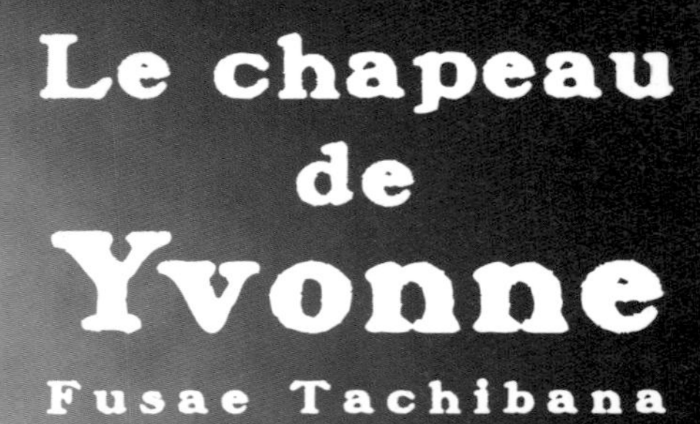

Fusae Tachibana

The space tourist
「Yvonne 的太空之旅」

Hat: Fusae Tachibana
Make up & hair: Satomi Hirota
Dress: midinette minuit
Photo: Takanori Katsura

Uranus
天王星領航員

Moon
月球領航員

Neptune

海王星領航員

Jupiter

木星領航員

Yvonne 相關資訊會隨時公布於部落格。
Yvonne blog http://yvonne-pique-la-lune.blog.jp

夢幻
11
紙娃娃
誕生自水野純子世界的換裝娃娃，充滿魅力。
剪下紙娃娃，沉浸於換裝的樂趣吧！
這次的娃娃來自漫畫『PURE TRANCE』（1998），
為暴食症治療機構「中心 102」的護士鈴木香織，
以及照護機器人 No.157 清美。在廢棄的醫院中只有這 2 人
會以患者為優先，是一對認真工作的好搭檔。
可愛的容器很受到喜愛，
內有各種藥物。
香織護士是來到中心
102 才學會抽菸。如果
不抽菸就缺乏幹勁。
15:32:01
中心 102 專用的醫療平板。
患者過世時香織會身著喪服。
因為院長缺乏責任感，太常穿著這身
衣服上班，漸漸讓香織感到煩惱。
一般的護士服。
醫院內只有香織一個人會隨時保持護士服的整潔，
並且用熨斗燙得整整齊齊。
我是香織，今天也超忙！

因為被當作千金小姐教養，所以看似休閒的
平日穿搭基本上也是高級品牌。
護士們夜遊外出時穿的戰服。但只會
專心無言地瘋狂跳舞，這是香織發洩
壓力的方法。
友情的證明！
清美製作贈送的溫暖針織衫。
當然香織也有高人氣的布偶「小熊MA醬」。
清美也有一套和香織一樣的喪服。很自豪沒有機器人像自己一樣有焚香的習慣。
我是清美！請大家多多指教。
NO.157
清美
一般護士服，為塑膠材質製成，所以不需清洗。
未來的續命膠囊「PURE
TRANCE」！香織護士
喜愛的口味分別是綜合
水果口味和幫助熬夜的
咖啡口味。
PURE TRANCE
PURE TRANCE
在中心屋頂放鬆時
穿的比基尼。

Dreaming Tiny Room

#6 Candy Shelf

使用工具
美工刀、錐針、尺規、木工用接著劑、牙籤、切割墊

作法
①像描圖般用錐針沿著摺線劃出紋路，就比較容易摺紙（劃太用力會有損紙張印刷圖樣，還請小心！）。
②剪下全部的部件，分別摺出摺痕。
③先試著組裝成型，了解完成的樣子後再黏合組裝。
※Candy Shelf 如右圖依照號碼黏合，就很容易組裝成功。

要領
• 用牙籤沾取最少量的接著劑，薄薄塗抹開來，組裝時就不容易因為接著劑的水分使紙張彎曲。
• 組裝完成時，若有超出邊緣的紙張或櫃子有歪斜的情況時，請修剪調整。

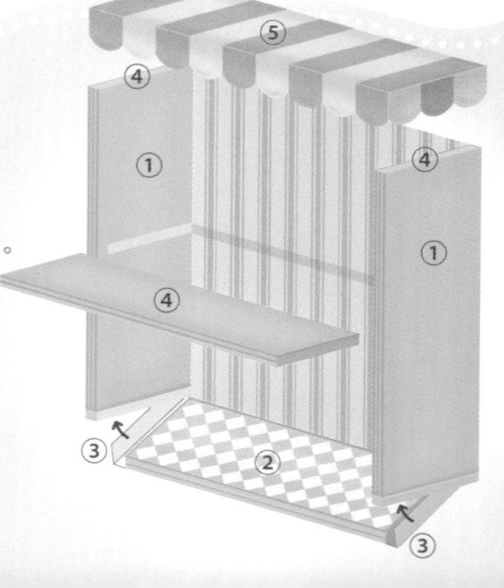

 designed by MAKI

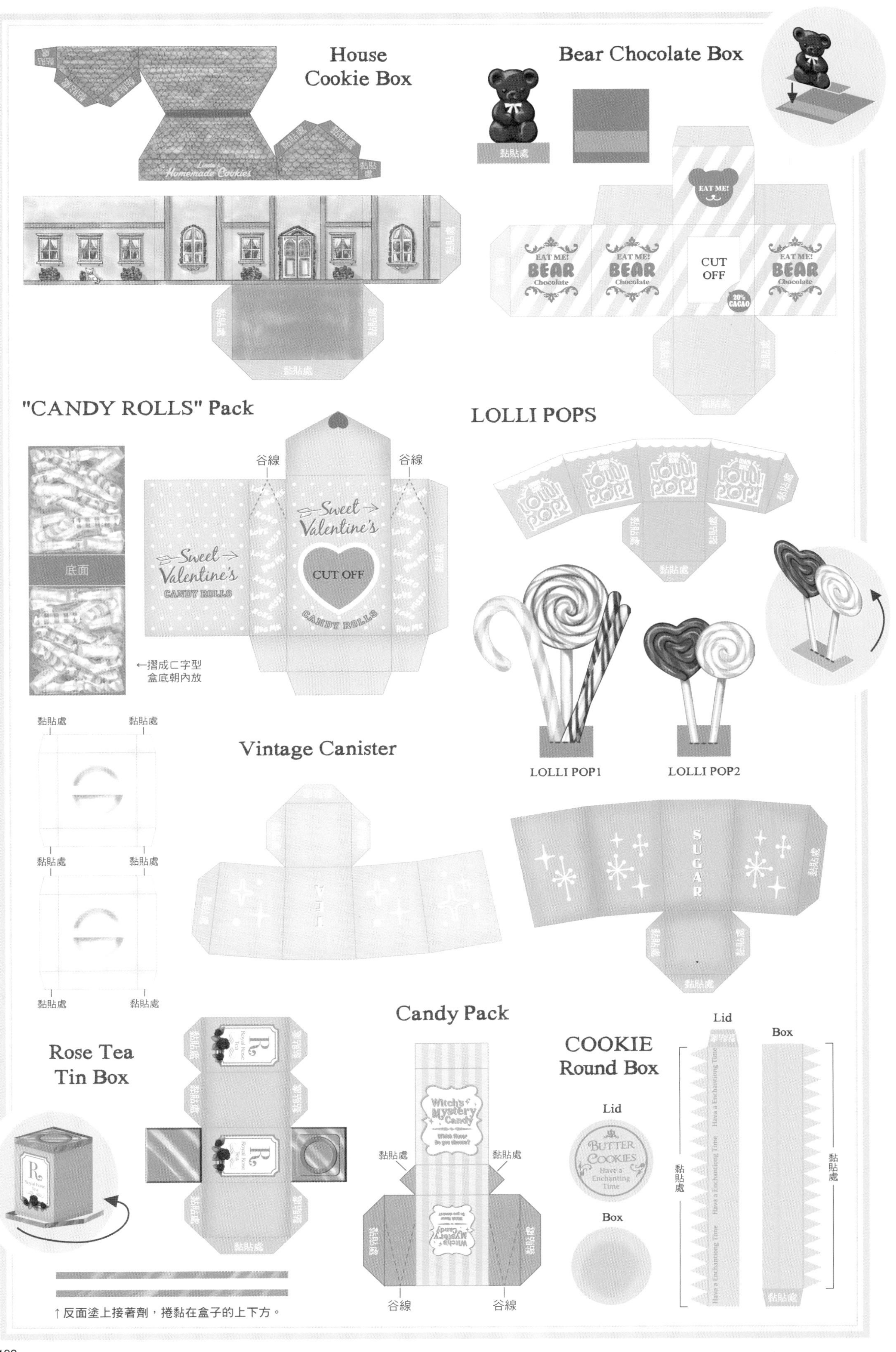
House
Cookie Box
Homemade Cookies
黏貼處
Bear Chocolate Box
黏貼處
EAT ME!
EAT ME!
BEAR
Chocolate
CUT
OFF
20%
CACAO
"CANDY ROLLS" Pack
谷線
谷線
底面
Sweet
Valentine's
CANDY ROLLS
CUT OFF
←摺成ㄈ字型
盒底朝內放
LOLLI POPS
LOLLI POP1
LOLLI POP2
黏貼處
Vintage Canister
TEA
SUGAR
Candy Pack
Witch's Mystery Candy
黏貼處
谷線
Rose Tea
Tin Box
↑反面塗上接著劑，捲黏在盒子的上下方。
COOKIE
Round Box
Lid
Box
BUTTER
COOKIES
Have a
Enchanting
Time
Have a Enchanting Time

黏貼處
LOLLI POP2
LOLLI POP1
黏貼處
黏貼處

黏貼處
黏貼處

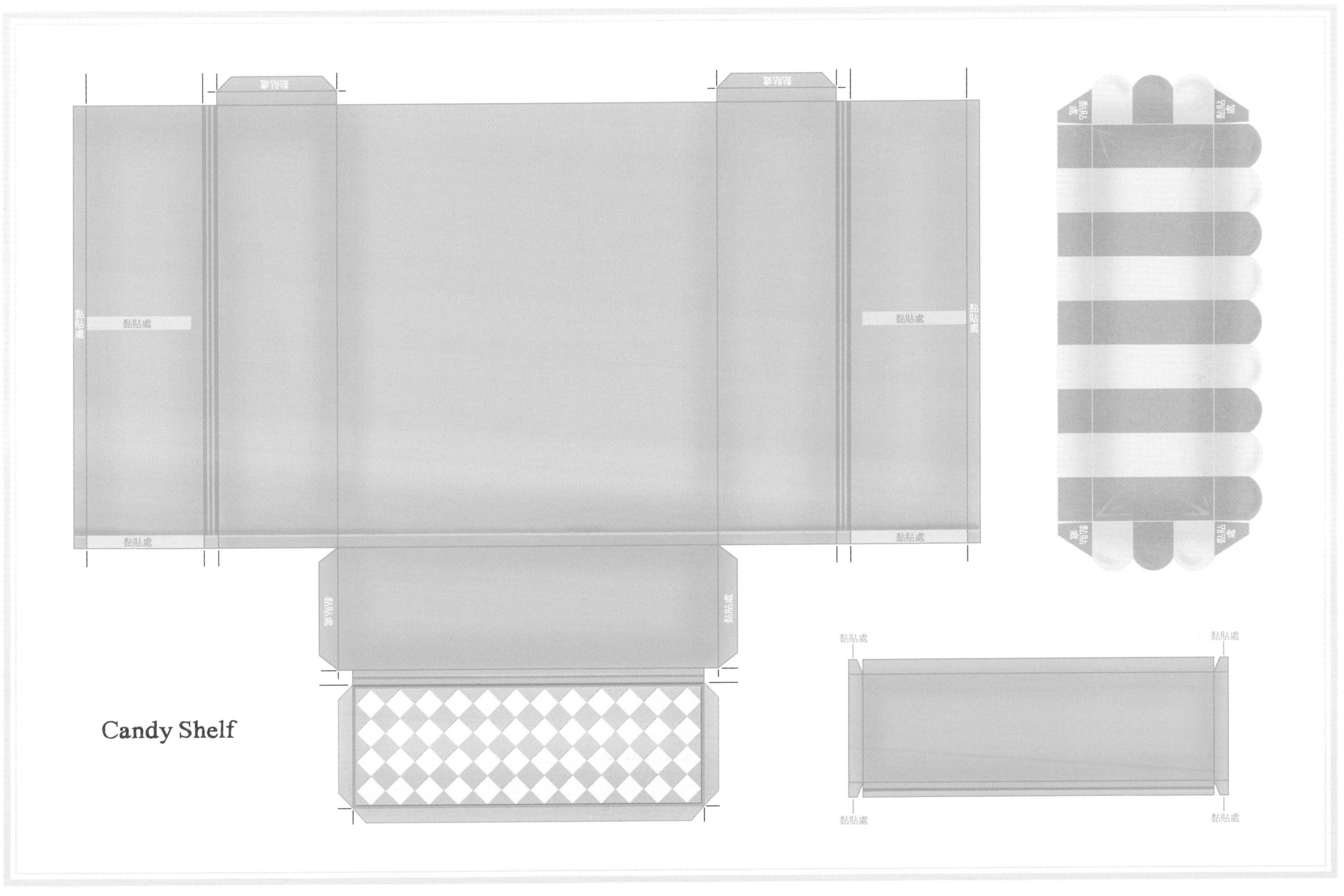
Candy Shelf
黏貼處

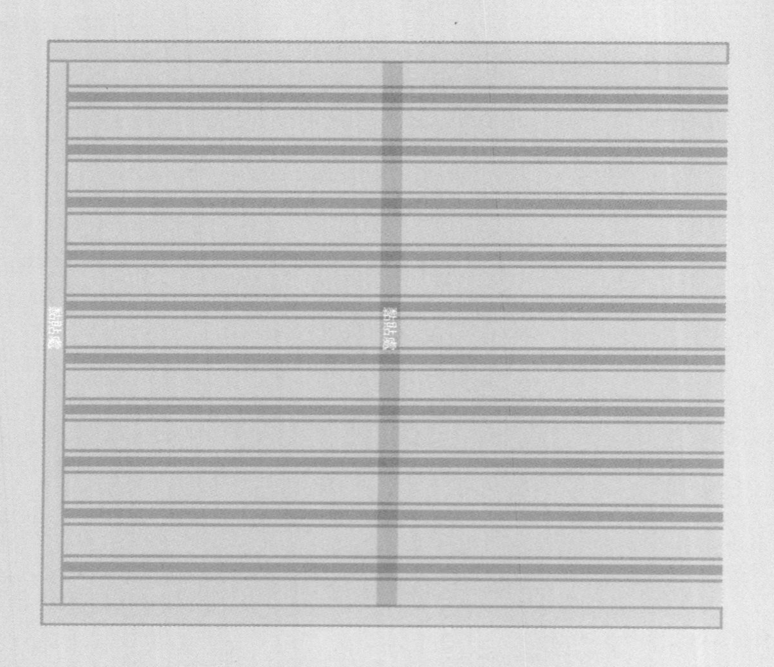